中国气候投融资研究系列丛书

气候投融资原理和实务

中国环境科学学会气候投融资专业委员会　编著

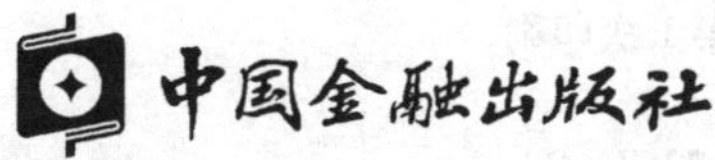

责任编辑：马海敏
责任校对：孙　蕊
责任印制：陈晓川

图书在版编目（CIP）数据

气候投融资原理和实务/中国环境科学学会气候投融资专业委员会编著．—北京：中国金融出版社，2024.12
（中国气候投融资研究系列丛书）
ISBN 978-7-5220-2367-0

Ⅰ.①气…　Ⅱ.①中…　Ⅲ.①气候变化—治理—投融资体制—研究—中国　Ⅳ.①P467②F832.48

中国国家版本馆 CIP 数据核字（2024）第 057341 号

气候投融资原理和实务
QIHOU TOURONGZI YUANLI HE SHIWU

出版发行　中国金融出版社
社址　北京市丰台区益泽路 2 号
市场开发部　(010)66024766，63805472，63439533（传真）
网上书店　www.cfph.cn
　　(010)66024766，63372837（传真）
读者服务部　(010)66070833，62568380
邮编　100071
经销　新华书店
印刷　涿州市般润文化传播有限公司
尺寸　169 毫米×239 毫米
印张　11.75
字数　145 千
版次　2024 年 12 月第 1 版
印次　2024 年 12 月第 1 次印刷
定价　46.00 元
ISBN 978-7-5220-2367-0

本书编写组

首席指导

李　高　王　毅　叶燕斐

顾问专家

丁　辉　刘　强　祁　悦　孙玉清　朱黎阳　吕　鑫

孙轶颋　张　昕　段忠辉　莫小龙　秦二娃　高　翔

主　编

廖　原

副主编

桂　华　逄锦福　朱　浩　付爱民

执行副主编

李　鑫

编写组组长

王　灿　张九天　梁　希　谭显春

编写组成员（按姓氏笔画排序）

孔令斯　王　莉　王冰妍　王筱晴　白红春　朱乙丹

任纪英　刘　源　刘欣然　刘彦达　闫洪硕　孙雪妍

陆文钦　吴　怡　杨　林　宋香静　宋晓娜　张夏若

张舒寒　连　键　林丽莉　幸绣程　范淑婷　赵艺超

赵佳佳　高火菁　高瑾昕　郭丹蒙　曹　媛　黄翠琦

常　影　程永龙　董白桦　曾　桉　葛　慧　谢璨阳

序　言

气候投融资服务于应对气候变化工作。气候变化是当今世界面临的重大全球性挑战，事关人类未来和各国发展，居于全球治理议程的突出和优先位置。走绿色低碳发展道路已成为全球政治共识和世界发展潮流。

党的十八大以来，党中央把应对气候变化摆在国家治理更加突出的位置，将应对气候变化作为推进生态文明建设、实现高质量发展的重要抓手，实施积极应对气候变化国家战略并取得明显成效。2020 年 9 月 22 日，国家主席习近平宣布我国力争 2030 年前实现碳达峰、2060 年前实现碳中和的目标。党的二十大报告要求协同推进降碳、减污、扩绿、增长，积极稳妥推进碳达峰碳中和。2023 年 7 月召开的第九次全国生态环境保护大会要求坚持把绿色低碳发展作为解决生态环境问题的治本之策。

发展气候投融资的目的就是要通过引导性、支持性、激励性的政策工具，充分动员全社会力量和全社会资源，引导大规模的资金进入应对气候变化领域，助力实现碳达峰碳中和目标。气候投融资是将气候变化挑战转化为绿色低碳发展机遇的重要工具，是全面贯彻落实习近平生态文明思想、是将绿水青山转化为金山银山提供路径的重要实践。

气候投融资工作涉及面广、创新性强、发展潜力大，而且基础还比较薄弱，困难和挑战也很多。因此要持续开展气候投融资能力建设，加强气候投融资领域专业人才的培养和储备，做大做强气候投融资专营机构和技术服务平台。

自2019年成立以来，中国环境科学学会气候投融资专业委员会（以下简称专委会）致力于打造成为气候投融资领域的权威专业机构和高端智库。专委会一直积极推进地方政府、金融机构和企业开展气候投融资相关能力建设，并组织相关专家编写了《气候投融资原理和实务》。本书紧密围绕应对气候变化和碳达峰碳中和目标，依据气候投融资相关工作的任务和要求，借鉴国内外的最新研究成果和实践案例，全面论述了促进气候投融资的四项重要工作。

第一，建立和完善气候投融资的政策体系是促进气候投融资工作的重要基础。要营造有利的政策制度环境，不断完善推进气候投融资工作的协调机制，强化各部门协同，形成工作合力，促进经济、金融、产业、环保等领域工作与气候投融资工作的有机衔接。

第二，推动气候投融资产品和模式创新是开展气候投融资工作的主要任务。要积极培育气候友好型金融机构，引导和激励金融产品和融资模式创新，引导市场主体运用碳价格信号加快产业结构调整和生产方式转变，提升金融机构为低碳创新的实体经济提供金融服务的能力和水平。

第三，构建高效的政企银对接服务机制是推动气候投融资工作的创新举措。要科学制定气候投融资重点项目的技术标准，积极挖掘和培育气候友好型项目，加快建设和完善气候投融资项目库，积极打造项目和资金有效对接平台，建立健全常态化机制，推动气候效益和经济收益显著的项目尽快落地。

第四，提升项目碳排放数据信息的管理水平和披露质量是完善气候投融资工作的重要保障。要不断完善气候投融资项目碳排放核算的方法，进一步提升气候相关数据和信息的真实性、准确性和透明度，积极推动企业和金融机构主动披露高质量的气候信息。

希望《气候投融资原理和实务》的出版能为国家相关部门、地方政府、金融机构和企业开展气候投融资工作提供技术支持和知识服务，为进一步推动气候投融资工作作出贡献！

第十四届全国人大环境与资源保护委员会委员

第一届中国环境科学学会气候投融资专业委员会主任委员

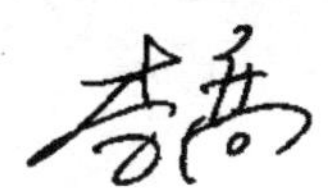

前　言

气候投融资是指为实现国家自主贡献目标和低碳发展目标，引导和促进更多资金投向应对气候变化领域的投资和融资活动，是绿色金融的重要组成部分。动员我国各类资本更好地响应国家应对气候变化战略目标，引导和促进更多资金投向应对气候变化领域，是一项艰巨任务，更是一项全新课题。当前，我国气候资金需求和供给矛盾普遍突出，气候投融资体制机制有待完善，专业队伍和人才储备不足。为增进社会各界对气候投融资工作的认识和了解，提高气候投融资实践水平，推动地方气候投融资工作深入开展，中国环境科学学会气候投融资专业委员会编制本书。本书共分五章，从理论和实务角度，介绍了气候投融资基本知识，总结了气候资金统计报告方法、气候投融资碳排放核算方法等最新进展，系统建立了气候投融资知识体系，为更好地在气候投融资领域落实“双碳”目标奠定了基础。

第一章气候投融资内涵与政策详细介绍了从环境金融、可持续金融等到气候投融资概念的演变历程并就气候投融资国际和国内政策进行了重点介绍和解读。相关概念的界定和政策梳理为夯实气候投融资工作和细分领域提供了专业借鉴，具有重要理论和实践意义。

第二章气候投融资工具和应用从政策端和发展现状等角度系统阐述了包括信贷工具、证券工具、保险工具、碳金融工具等气候投融资工具及其应用，并筛选了诸如昆仑银行“可再生能源补贴确权贷款”等经典工具和模式创新案例进行分析。

第三章气候资金统计报告方法基于资金的需求方和供给方从口径、报告现状和方法三个维度解析我国气候资金，通过追踪国内气候资金的来源、规模及主要流向的基本情况，形成气候资金统计报告框架，以期推进气候资金统计口径一致性进程，为引导境内外资金支持中国气候项目提供支撑。

第四章气候投融资碳排放核算方法不仅从标准和方法等角度出发，提炼了 GHG Protocol 企业价值链、PCAF 金融标准和我国金融机构碳核算核算方法要点，而且明确了核算边界、目的、原则、步骤和方法等通则，同时，详细介绍了股权、债权、项目融资、托管投资和客户服务碳核算方法及其相关案例以满足国内金融机构等部门资产碳排放核算的需求。

第五章气候投融资地方项目库建设与实施在详细梳理目标、指标体系、申报及审批流程等气候投融资地方项目库建设思路的基础上，介绍了国家与地方两个层面的项目库标准，并探讨了管理机构与职责分工等气候投融资地方项目库动态管理机制以期形成一批气候投融资发展模式，打造若干气候投融资项目库平台，聚集资金等各类要素资源。

本书的创新性主要体现在：一是囊括了从碳排放核算到资金报告的气候投融资领域较全面的知识内容，从气候投融资概念演变历程和政策解读出发提出“工具和应用——报告和核算方法——项目库建设”这一全新的理论与实践相结合的思路；二是丰富的案例分析，本书几乎每个章节都附有该主题具有代表性的案例分析，使读者既能够深入地理解气候投融资相关知识，又可以了解相关知识在实践中的运用和操作。

本书的出版，离不开各级领导的关心和相关研究团队的支持，在此表示感谢！同时，也向那些曾经给本书提过宝贵意见的专家表示感谢！

目　录

第一章 气候投融资内涵与政策

一、气候投融资内涵

为实体经济服务是金融的重要职能。因此，金融在应对气候变化的过程中，便产生了一个全新的概念：气候投融资。那么，什么是气候投融资？由于气候投融资涉及学术研究、行业划分和政府管理等多个领域，因此对于气候投融资内涵的界定和认知至关重要。基于此，我们在系统梳理现有研究基础上，力图深入理解气候投融资的内涵和本质。

事实上，在气候投融资概念诞生之前，已经有学者对环境金融、可持续金融、绿色金融、碳金融和气候金融进行了相关研究，这也是构建气候投融资概念的基础。

（一）环境金融

环境金融衍生于环境经济这一新兴学科，具体可以追溯到 20 世纪 90 年代。伴随环境问题成为困扰经济发展的主要影响因素之一，不少学者试图通过经济途径解决环境问题，逐渐形成了环境经济学。由于经济是肌体，金融是血液，通过金融的资源配置功能来改善环境质量和管控环境风险成为很多学者研究的重点并逐渐发展成为环境经济的一门分支学科。

美国经济学家 Richard L. Sandor 最早提出环境金融的概念并于 1992 年在美国哥伦比亚大学开设了环境金融课程。他认为环境金融是指运用多种金融工具保护环境，是环境经济和环境保护运动的重要内容①。也有学者认为环境金融是金融根据环境相关产业的需求而进行的金融创新，其目的在于提高环境质量和转移环境风险。2000 年，《美国传统词典》（第四版）给出环境金融的定义：环境金融作为环境经济的重要组成部分，致力于使用多样化的金融工具来保护环境和生物多样性。

（二）可持续金融

可持续金融源于“可持续发展”的概念。1987 年，世界环境与发展委员会发表了题为《我们共同的未来》的报告。报告指出，可持续发展是指在不损害满足子孙后代需求的基础上开展的满足当代人需求的经济发展模式。这为可持续发展相关的政策制定和实施奠定了基础，也是目前人们最普遍接受的可持续发展概念。

2015 年联合国可持续发展峰会通过《2030 年可持续发展议程》，指出可持续金融涵盖减贫、清洁能源、气候变化等 17 个领域。这些领域彼此差异性极大，涉及主体多元化，应对方式多样化，因此很难对其统一研究。2021 年 10 月，二十国集团财长和央行行长会议核准由中国人民银行与美国财政部共同牵头起草的《G20 可持续金融综合报告》和《G20 可持续金融路线图》。根据《G20 可持续金融路线图》，可持续金融被定义为以支持《2030 年可持续发展议程》② 和《巴黎协定》各项目标为目的而开展的金融活动。目前，越来越多的资本市场参与者将可持续金融相关投资理念纳入其投资决策中。

---

① 维基百科．环境金融［EB/OL］．http：//en. wikipedia. org/wiki/Environmental_ finance.

② 联合国环境规划署金融倡议．可持续金融［EB/OL］．https：//www. unepfi. org.

同时，不少学者也相继就可持续金融的内涵进行了研究。Marcel Jeucken①、Jan Jaap Bouma 等②相继从银行的角度研究，认为可持续金融是金融基于中介角色对环境和金融风险的全局把握，一定程度上缓解了借款人与放债人之间的信息不对称程度的活动集合，以推动经济的可持续发展。

（三）绿色金融

绿色金融，顾名思义，是指将环境相关的预期收益、风险和成本等融入金融业务，并通过合理的资源配置等手段促进经济的可持续发展。《美国传统词典》（第四版）将绿色金融等同于环境金融或可持续金融。

绿色金融的概念在国内使用较早范围也较广。高建良于 1998 年首次提出绿色金融的概念，认为绿色金融是以环境保护这一基本国策作为指引，将“可持续发展”贯彻至金融业务的每个环节进而统筹推进环境保护和经济发展的金融营运策略。

2007 年，我国陆续开展了一系列绿色金融实践。国家环保总局等部门相继制定并发布了“绿色信贷”“绿色保险”等绿色金融政策。2016 年 8 月，中国人民银行等七部委联合发布了《关于构建绿色金融体系的指导意见》，明确绿色金融是指为支持环境改善、应对气候变化和资源节约高效利用的经济活动，即对环保、节能、清洁能源、绿色交通、绿色建筑等领域的项目投融资、项目运营、风险管理等所提供的金融服务。

（四）碳金融

碳金融出自《京都议定书》，是从联合国气候变化框架公约大会

---

① Marcel Jeucken. Sustainable Finance and Banking: The Financial Sector and the Future of the Planet [EB/OL]. 2001 [2012-07-20].

② Jan Jaap Bouma, Marcel Jeucken, Leon Klinkers. Sustainable Banking: The Green of Finance [EB/OL]. 2001 [2012-07-20].

（COP）关于资金机制的谈判衍生而来。具体而言，碳金融是指服务于旨在减少温室气体排放的各种金融制度安排和金融交易活动，主要包括碳排放权及其衍生品的交易和投资、低碳项目开发的投融资以及其他相关的金融中介活动。

世界银行碳金融部门（World Bank Carbon Finance Unit）在2006年碳金融发展年度报告（Carbon Finance Unit Annual Report，2006）中明确了碳金融的含义，即以购买减排量的方式为产生或者能够产生温室气体减排量的项目提供的资源。

根据国内外文献，碳金融被定义为以碳资产作为现实基础，利用金融手段围绕碳排放权交易主体开展的与碳排放交易相关的金融产品及其衍生品的交易或者流通；也有学者从广义的层面上认为，只要是为应对气候变化、以减碳控排为基础开展的各类投融资活动，包括碳排放权及其衍生品交易、碳市场之外的低碳项目直接或者间接投融资，以及其他相关的金融服务活动均可纳入广义的“碳金融”范畴。

同时，值得一提的是，证监会在2022年发布的《碳金融产品标准》中将碳金融产品定义为建立在碳排放权交易的基础上，服务于减少温室气体排放或者增加碳汇能力的商业活动，以碳配额和碳信用等碳排放权益为媒介或标的的资金融通活动载体；将碳金融工具定义为服务于碳资产管理的各种金融产品（包括碳市场融资工具、碳市场交易工具和碳市场支持工具）。

（五）气候金融

与碳金融相同，气候金融同样衍生于联合国气候变化框架公约大会（COP）的资金机制谈判。2009年，哥本哈根会议上确定了发达国家对发展中国家提供资金支持的标准，即2010—2012年，发达国家向发展中国家提供300亿美元的快速启动资金支持，到2020年这一资金支持将达到每年

1 000亿美元。2010年，代表联合国秘书长潘基文的高级顾问小组（AGF）公布了气候变化融资报告，讨论了旨在筹集1 000亿美元的若干可能支持发展中国家应对气候变化的融资工具和手段。2011年6月，《联合国气候变化框架公约》（United Nations Framework Convention on Climate Change，UNFCCC）执行秘书Christiana Figueres在巴塞罗那召开的2011年碳博览圆桌会议上做了题为《从碳金融到气候金融》的主旨发言，发言指出：鉴于目前碳市场遇到的诸多问题，气候金融不仅可以支持碳金融未踏足的领域，也可以开发出一些尚未在碳金融领域应用的混合金融工具，以使发展中国家在应对气候变化过程中获得持续的资金支持。2011年10月，世界银行在一份关于"撬动气候金融"的报告中定义了气候金融，即气候金融是调动促进低碳和气候抗御能力发展所及的所有资源，通过覆盖气候行动的成本和风险以改善气候变化应对环境和鼓励新技术的开发和应用。气候政策倡议组织（Climate Policy Initiative，CPI）的《气候金融概览》报告（2011）从资金流动的角度界定了气候金融的内涵，具体包括从发达国家到发展中国家、从发展中国家到发展中国家等多个方面的资金流动。

目前，国内鲜有学者就气候金融进行界定。有些学者认为气候金融是为应对气候变化而实施的一系列资金融通行为和相关制度安排的总和。[①] 也有一些学者认为气候金融是应对气候变化相关的创新金融，是指利用多渠道资金来源和多样化的创新工具以促进低碳发展和增强应对气候变化的弹性。[②]

（六）气候投融资

目前，对于气候投融资的定义还没有统一的论述。一般而言，气候投融资泛指所有催化低碳和抵御气候变化发展的资源，即所有服务于限制温

① 陈新平．气候金融［M］．上海：立信会计出版社，2011.

② 王遥．气候金融［M］．北京：中国经济出版社，2013.

室气体排放的金融活动，包括直接投融资、碳指标交易和银行贷款等①。气候投融资涵盖气候活动的成本与风险，支持一个有利于减缓和适应能力的环境，鼓励研发和新技术的开展。② 从广义的角度看，气候投融资既包含温室气体减排的直接投融资，也包含银行贷款情况。③ 而气候投融资的本质是以应对气候变化、实现低碳发展为导向，为控制温室气体排放所提供的投融资资金支持活动的总称。④

气候投融资，首先，应正确理解“气候”的涵义。气候投融资中的“气候”是指针对气候变化进行积极和有效的应对。具体而言，包括两个方面的内容：减缓和适应。减缓是指为减少和控制温室气体排放所做的一切工作，例如提高能源利用率、相关垃圾和废物再利用等。适应是指提升应对气候变化的适应能力和弹性，目的在于规避和分散气候变化所带来的各种风险，例如水资源管理、环境卫生、预防和阻止灾害能力建设。

其次，投融资是指经营运作的融资和投资两种形式，其目的是增强企业或组织的实力以获得利益最大化。结合气候的内涵之后，气候融资是通过金融市场，获得来自公共、私人或其他的融资，为气候友好项目筹集资金或协助项目的气候风险管理，旨在支持应对气候变化的环节和适应工作，包括商业融资、国家财政融资、国际融资和碳配额市场融资等。气候投资是将资金直接投入气候友好项目或与气候变化的减缓和适应相关的金融投资产品中去，具体涵盖项目投资、项目并购及相关风险管理。气候融资与气候投资相辅相成，共同构成资金周转的两个阶段：气候融资以一定的融资成本将资金吸引到气候友好型项目以增强气候投资的可行性。气候

① 贾丽虹．外部性理论及其政策边界［D］．广州：华南师范大学，2003.

② 潘家华，陈迎．碳预算方案：一个公平、可持续的国际气候制度框架［J］．中国社会科学，2009（5）．

③ 韩钰，吴静，王铮．发展中国家气候融资发展现状及区域差异研究［J］．世界地理研究，2014（2）．

④ 葛晓伟．金融机构参与气候投融资业务的实践困境与出路［J］．西南金融，2021（6）．

投资借助开发和推进优质和具有示范意义的项目以提升气候融资的吸引力。

联合国将气候投融资定义为：地方、国家或跨国投融资——来自公共、私人和替代性投融资来源，旨在支持应对气候变化的减缓和适应行动。根据《关于促进应对气候变化投融资的指导意见》和《气候投融资试点工作方案》，气候投融资被定义为为实现国家自主贡献目标和低碳发展目标，引导和促进更多资金投向应对气候变化领域的投资和融资活动，是绿色金融的重要组成部分。

二、气候投融资政策

（一）国际气候投融资政策

20 世纪 90 年代初，随着应对气候变化的理念逐渐走入人们的视野，应对气候变化的资金问题也逐渐受到关注，尤其是气候资金机制成为气候谈判的重要内容之一。

1.《联合国气候变化框架公约》

1992 年，国际社会签署了《联合国气候变化框架公约》。《联合国气候变化框架公约》是世界上第一个为全面控制二氧化碳（CO_2）等温室气体排放，以应对全球气候变暖给人类经济和社会带来不利影响的国际公约，也是国际社会在对付全球气候变化问题上进行国际合作的一个基本框架。《联合国气候变化框架公约》第 2 条规定：本公约以及缔约方会议可能通过的任何相关法律文书的最终目标是减少温室气体排放，减少人为活动对气候系统的危害，减缓气候变化，增强生态系统对气候变化的适应性，确保粮食生产和经济可持续发展。

为实现上述目标，《联合国气候变化框架公约》确立了五个基本原则："共同但有区别的责任"的原则，要求发达国家应率先采取措施，应对气候变化；要考虑发展中国家的具体需要和国情；各缔约方应当采取必要措施，预测、防止和减少引起气候变化的因素；尊重各缔约方的可持续发展权；加强国际合作，应对气候变化的措施不能成为国际贸易的壁垒。

1994 年 3 月，该公约生效。在里约地球峰会上由 150 多个国家以及欧洲经济共同体共同签署。《联合国气候变化框架公约》由序言及 26 条正文组成，具有法律约束力，终极目标是将大气温室气体浓度维持在一个稳定的水平，在该水平上人类活动对气候系统的危险干扰不会发生。根据"共同但有区别的责任"原则，公约对发达国家和发展中国家规定的义务以及履行义务的程序有所区别，要求发达国家作为温室气体的排放大户，采取具体措施限制温室气体的排放，并向发展中国家提供资金以支付发展中国家履行《联合国气候变化框架公约》义务所需的费用。而发展中国家只承担提供温室气体源与温室气体汇的国家清单的义务，制订并执行含有关于温室气体源与温室气体汇方面措施的方案，不承担有法律约束力的限控义务。该公约建立了一个向发展中国家提供资金和技术，使其能够履行公约义务的机制。

2. 《京都议定书》

《京都议定书》是 1997 年 12 月在日本京都由联合国气候变化框架公约参加国三次会议制定，其目标是将大气中的温室气体含量稳定在一个适当的水平，进而防止剧烈的气候改变对人类造成伤害。条约规定，其在"不少于 55 个参与国家和地区签署该条约，并且温室气体排放量达到附件中规定国家在 1990 年总排放量的 55% 后的第 90 天"开始生效。这两个条件中，"55 个国家"在 2002 年 5 月 23 日冰岛通过后首先达到，2004 年 11

月 18 日俄罗斯通过该条约后达到了要求的条件，条约在 90 天后于 2005 年 2 月 16 日开始强制生效。中国于 1998 年 5 月签署并于 2002 年 8 月核准了该议定书。欧盟及其成员国于 2002 年 5 月 31 日正式批准了《京都议定书》。

《京都议定书》形成了国际排放贸易机制（IET）、联合履约机制（JI）和清洁发展机制（CDM），为各国碳减排产品的全球互认和流通奠定了基础。国际排放贸易机制是发达国家将其超额完成减排义务的指标以贸易的方式转让给另外一个未能完成减排义务的发达国家，同时从转让方的允许排放限额上扣减相应的转让额度。联合履约机制是通过项目开发实现的减排单位（ERU）可以转让给另一个发达国家缔约方，但是必须在转让方的分配数量（AAU）配额上扣减相应额度。清洁发展机制是《京都议定书》中唯一包括发展中国家的弹性机制，是指发达国家通过提供资金和技术的方式与发展中国家开展项目级的合作，通过项目所实现的核证减排量（CER）[①] 用于发达国家缔约方完成在议定书中的承诺。

《京都议定书》第一次以国际法律文件的形式规定了具体国家的温室气体排放目标。该框架下的全球碳交易机制特点是“自上而下”，即对各国分配碳排放量限制。与此同时，《京都议定书》对发达国家与发展中国家区别对待，仅对其附件 B 列明的国家（多为发达国家）设定了明确的国家排放上限，而未强制广大发展中国家设置减排目标[②]。由于《京都议定书》为发达国家和经济转型国家设定了具有法律约束力的温室气体减排和限排目标，“碳信用”概念便应运而生并成为金融市场可交易的标的。

① CER：核证减排量（Certified Emission Reduction），是指《京都议定书》中提出的清洁发展机制（CDM）项目中的特定术语，指联合国执行理事会向实施清洁发展机制项目的企业颁发的经过指定经营实体（DOE）核查证实的温室气体减排量。只有联合国向企业颁发了 CER 证书之后，减排指标 CER 才能在国际碳市场上交易，而且主要在发达国家与发展中国家之间进行交易。

② 曹莉，刘玦．联合国框架下的国际碳交易协同与合作——从《京都议定书》到《巴黎协定》［J］．中国金融，2022（23）．

3.《马拉喀什协定》

2001 年 10 月，第七次缔约方会议在摩洛哥马拉喀什举行。此次会议的主要任务是落实《波恩协议》的技术性谈判。会议以一揽子的方式通过了一系列决定，统称为《马拉喀什协定》。

在涉及 CDM 的实施问题上，《马拉喀什协定》对 CDM 的具体操作细则进行了解释，为 CDM 的实施铺平了道路，是 CDM 问题谈判过程中具有里程碑意义的事件。该协定详细说明了实施 CDM 所应遵循的方式和技术程序，并表明了大会对于一些关键问题的态度。协定附件中涉及了 CDM 的具体实施规则，主要包括定义减排单位、核证减排量等内容。

《马拉喀什协定》为《布宜诺斯艾利斯行动计划》的最终完成盖上了印记，为《京都议定书》早日生效进一步扫清了障碍，也重燃了人们对气候变化谈判的信心。同时，《马拉喀什协定》充分考虑到发展中国家的可持续发展战略和发达国家的资金与技术援助。

4.《巴厘行动计划》

《联合国气候变化框架公约》和《京都议定书》生效后，由于《京都议定书》没有规定发展中国家的强制减排义务等原因，发达国家未如期履约，整体排放量不减反增，同时并没有真正落实向发展中国家提供资金、转让技术和能力建设等义务。

在此背景下，《联合国气候变化框架公约》第十三次缔约方大会（COP13）和《京都议定书》第三次缔约方会议（MOP3）于 2007 年 12 月在印度尼西亚巴厘岛举行。国际社会将此次会议形成的成果称为“巴厘路线图”。路线图包括《联合国气候变化框架公约》下的《巴厘行动计划》、“《京都议定书》第 3 条第 9 款特设工作组”和《京都议定书》第 9 条的审评三条主线以及适应基金等支线。《巴厘行动计划》和“《京都议定书》

第3条第9款特设工作组”的相关结论分别代表了《联合国气候变化框架公约》和《京都议定书》下的“双轨”谈判进程。两个进程制衡着发达国家之间、发达国家与发展中国家之间的谈判利益。《巴厘行动计划》的成功之处在于终于将美国纳入《联合国气候变化框架公约》下承担温室气体量化减限排承诺的进程，并为2007—2009年的谈判进程提出了方向和时间表，使未来气候谈判更具复杂性和挑战性①。

5.《哥本哈根协定》

巴厘会议之后，发达国家始终没有放弃“单轨制”，发展中国家坚持按《巴厘行动计划》的授权全面、有效和持续地落实《联合国气候变化框架公约》和《京都议定书》的条款。同时，发达国家与发展中国家的矛盾还体现在中期减缓目标、资金和技术等具体议题上。

2009年12月7日至19日，《联合国气候变化框架公约》第15次缔约方会议暨《京都议定书》第5次缔约方会议在丹麦哥本哈根召开。尽管《哥本哈根协议》不具约束力，但它第一次明确认可2摄氏度温升上限，而且明确可以预期的资金额度。显然，哥本哈根会议的这一成果，成为全球气候合作的坚实基础和新的起点。

《哥本哈根协议》中认可有关控制全球升温不超过2摄氏度的科学结论作为全球合作行动的长期目标；初步形成了发达国家2010—2012年快速启动阶段提供300亿美元，2020年增加到每年1 000亿美元的短期和长期资金援助计划；两大阵营之间就发达国家履行减排义务和发展中国家采取减缓行动的透明性问题也达成了共识。

《哥本哈根协议》的积极意义表现在以下三个方面：坚定维护了《联合国气候变化框架公约》及《京都议定书》，坚持“共同但有区别的责任”原则，维护了“巴厘路线图”授权；在发达国家实行强制减排和发展

① 郑爽．巴厘路线图［J］．中国能源，2008（2）．

中国家采取自主减缓行动方面迈出了新的坚实步伐；在全球长期目标、资金和技术支持、透明度等焦点问题上达成广泛共识。

中国为推动谈判进程发挥了积极和建设性的作用。第一，中国提出中国减缓行动目标，展现了极大的诚意。哥本哈根会议开幕前两周，中国提出了2020年在2005年基础上单位国内生产总值碳排放强度下降40%～45%的减缓行动目标。这不仅积极回应了国际社会的期待，而且中国目标没有附加条件，不与其他国家减排目标挂钩，主要依靠国内资源完成，展现了中国努力减排的诚意，对推动哥本哈根谈判发挥了积极作用。第二，联合发展中国家，协同维护发展中国家利益。会议期间，在部分发达国家拿出丹麦文本而使会议可能误入歧途的关键时刻，中国协同发展中国家缔约方，坚持《联合国气候变化框架公约》和《京都议定书》规定的“共同但有区别责任”的基本原则及双轨制，有效维护了发展中国家的利益。作为快速工业化、城市化进程中的发展中大国，中国在资金问题上明确表示小岛屿国家、最不发达国家和非洲国家应优先获得资金支持，有效维护了发展中国家阵营的团结。第三，为促进国际合作积极斡旋，政策更具有灵活性。为了哥本哈根会议能达成某种政治协议不至无果而终，中国展现了政策上的灵活性，与其他发展中大国和美国一起，积极沟通和斡旋，最终促成了《哥本哈根协议》的产生。[①]

6.《坎昆协议》

《坎昆协议》是关于加强《联合国气候变化框架公约》和《京都议定书》实施的一系列决定的总称，是在《联合国气候变化框架公约》和《京都议定书》双轨谈判中取得的平衡结果，主要包括以下两部分内容：

一是根据《巴厘行动计划》，就加强《联合国气候变化框架公约》实

---

① 新华社．中国专家：“哥本哈根协议”是全球气候合作新起点［EB/OL］．http：//www.gov.cn/jrzg/2009－12/22/content_ 1494225.htm.

施作出框架性安排。在共同愿景问题上，确定了将全球气温上升幅度控制在2摄氏度以内的全球长期目标，并要求在南非德班会议上审议2050年长期减排目标及全球排放达到峰值的时间框架。在减缓问题上，要求发达国家承担全经济范围的绝对减排指标，发展中国家在可持续发展框架下采取国内适当减缓行动。决定启动提高发达国家减排指标可比性的国际进程，对发展中国家自主减缓行动进行国内可测量、可报告、可核实的“三可”，并以非侵入性、非惩罚性和尊重国家主权的方式对有关信息进行“国际磋商和分析”。在适应问题上，决定建立“坎昆适应框架”，设立具有明确职能的适应委员会，帮助最不发达国家制定和实施国家适应计划。在资金问题上，决定建立“绿色气候基金（Green Climate Fund，GCF）”，要求发达国家落实快速启动资金，并承诺到2020年每年动员1 000亿美元支持发展中国家应对气候变化。在技术转让问题上，决定建立技术开发与转让机制，明确该机制由技术执行委员会和技术中心网络组成。二是按照《京都议定书》工作组相关授权作出的决定，要求《京都议定书》工作组尽快完成谈判，以确保在《京都议定书》第一和第二承诺期之间没有空档，并敦促发达国家按照政府间气候变化专门委员会提出的25%～40%整体中期减排幅度进一步提高减排承诺水平。

《坎昆协议》取得的重要突破主要包括：一是首次在缔约方会议决定中明确写入了发达国家的历史责任，要求发达国家必须率先减排并进一步提高减排承诺。二是《京都议定书》的谈判取得积极进展，明确要求确保《京都议定书》第一和第二承诺期之间没有空档，反映了国际社会延续《京都议定书》的主流意见。三是发展中国家关心的适应、资金、技术等问题的机制安排取得了重要进展。四是进一步重申经济社会发展是发展中国家首要和压倒一切的优先任务，并强调各方公平获得可持续发展空间的权利。五是在会前被视为难点的“三可”和“国际磋商和分析”问题上达成了原则共识，为会议取得平衡的成果扫除了障碍。[①]

7.《巴黎协定》

2015年12月，第21届联合国气候变化大会正式通过《巴黎协定》，并于2016年11月正式实施。这份由全世界178个缔约方共同签署的协定为全球气候治理提供了新的框架。该协定第6条被视为实现《联合国气候变化框架公约》目标的重大进步，其中第2款和第4款继承并发展了《京都议定书》的国际碳交易机制，奠定了各国在《巴黎协定》下基于碳交易促进全球减排合作的基本政策框架，并为碳交易的全球协同提供了新的制度安排。

与《京都议定书》不同，《巴黎协定》制度采纳"自下而上"的自我限制模式，要求各国（包括发达国家和发展中国家）根据各自能力确认并提出国家自主贡献（NDC）。《巴黎协定》第6条第2款规定，各国实际排放量低于NDC的部分，构成国际转让减缓成果（ITMO），可以在国家间进行交易，帮助其他国家履行NDC承诺。可以说，这是一个以ITMO为标的、以国家为主体的交易机制。

同时，《巴黎协定》第6条第4款约定了第二种以碳信用为标的、由非国家主体参与的交易机制——可持续发展机制（Sustainable Development Mechanism，SDM）。SDM在基准线、核查、注册与签发等要素上与CDM框架基本一致，是对《京都议定书》CDM的继承与发展，实现了对JI和CDM的整合，有助于推动建立以碳信用作为交易对象的全球碳市场。一个关键的不同之处在于，《京都议定书》没有为CDM卖方所在的发展中国家设定减排目标，而在《巴黎协定》下，SDM买卖双方都将受到所在国家减排总体目标的约束。

基于以上所述，国际重要的气候投融资政策如表1-1所示。

---

① 解振华．坎昆协议是气候变化谈判的积极助推力［J］．低碳世界，2011（1）．

表 1－1　　国际气候投融资政策

年份	政策	主要内容
1992	《联合国气候变化框架公约》	建立了气候投融资的基本原则：共同但有区别的责任
1997	《京都议定书》	提供新资金来源的创新：通过 CDM 的核证减排量融资
2001	《马拉喀什协定》	建立了发展中国家基金和气候变化特别基金
2007	《巴厘行动计划》	达成了“双轨制”谈判路线图，提出建立《京都议定书》下成立的适应基金所需的资金支持
2009	《哥本哈根协议》	发达国家承诺长期提供资金目标和快速启动资金目标，提出建立绿色气候基金（GCF）
2010	《坎昆协议》	建立长期资金机制和快速启动资金机制；成立了绿色气候基金，将其作为公约的资金机制之一。建立 NAMA 中央注册处和碳排放的监测、报告和验证（MRV）准则
2015	《巴黎协定》	指出各方将加强气候变化威胁的全球应对，确保全球平均气温较工业化前升高水平控制在 2 摄氏度之内

资料来源：根据已公开资料整理。

除此之外，世界银行集团（WBG）、亚洲开发银行（ADB）和以绿色银行为代表的新型金融机构也制定并出台了相关的政策和资金工具。最具代表性的是英国绿色投资银行（GIB），依据《绿色投资政策》建立内部严格的绿色影响评估和风险管理审批绿色项目机制，将 80% 的资金用于离岸风电、生物质能等战略性新型能源投资，同时依据《绿色投资手册》《绿色影响报告》要求，对项目进行动态监测并及时反馈项目绿色建设情况。①

（二）国内气候投融资政策

我国的气候投融资是绿色金融的重要内容，气候投融资政策一方面应以绿色金融政策为基础和依据，加强与绿色金融政策的协调性；另一方面

① 李诚鑫．借鉴国际经验　完善我国气候投融资政策体系［J］．黑龙江金融，2021（12）．

要兼具发展气候投融资的能力和特色。因此，在阐述气候投融资政策之前先梳理一下绿色金融政策。

1. 绿色金融政策

1995 年，中国人民银行发布了《关于贯彻信贷政策和加强环境保护工作有关问题的通知》，是我国绿色金融发展的起点。金融机构积极响应相关政策，例如，兴业银行于 2006 年开设了节能减排融资业务并采用了赤道原则。2014 年，中国人民银行研究局和联合国环境署可持续金融项目联合发起设立绿色金融工作小组。2016 年 8 月，中国人民银行联合七部委发布了国家层面的《关于构建绿色金融体系的指导意见》（以下简称《指导意见》）。《指导意见》将绿色金融定义为支持环境改善、应对气候变化和资源节约高效利用的经济活动。《指导意见》不仅囊括绿色债券、信贷、环境信息披露、绿色产业标准和评估认证等相关政策，还提出专业化担保机制、再贷款、绿色信贷支持项目财政贴息、设立国家绿色发展基金等一系列绿色激励措施。

2017 年 6 月，环保部和保监会联合制订了《环境污染强制责任保险管理办法（征求意见稿）》，环境污染责任保险由区域试点推向了全国。同年，中国人民银行和证监会联合发布《绿色债券评估认证行为指引（暂行）》，强化了对绿色项目的尽职调查。财政部等四部门发布了《关于政府参与的污水、垃圾处理项目全面实施政府和社会资本合作模式（PPP）的通知》，改善和优化了环境公共产品的服务供给结构。

2018 年，证监会修订《上市公司治理准则》，对上市公司披露环境信息等方面提出了相关要求，形成环境、社会和治理（ESG）信息披露的基本框架。

2019 年 3 月，国家发展改革委等七部委联合印发《绿色产业指导目录（2019 年版）》，进一步优化了我国绿色金融标准化体系。

2017—2019 年，经国务院批准，先后在江西、广东、浙江、贵州和新疆等地建设绿色金融改革创新试验区，并于 2023 年又陆续在甘肃兰州新区、重庆市开启绿色金融改革。这些试验区通过成立绿色金融行业自律机制、建立绿色金融地方标准和项目库、创新绿色金融产品等探索并积累了宝贵的绿色金融改革经验。

2019 年 12 月，银保监会印发《关于推动银行业和保险业高质量发展的指导意见》，鼓励和支持金融机构积极发展绿色信贷、绿色债券和绿色信贷资产证券化，并将 ESG 要求纳入授信全流程，进一步与国际实践趋同。

2015—2018 年，我国陆续出台绿色金融等相关政策性文件，具体如表1－2所示。

表1－2　　2015—2018 年我国绿色金融相关政策

时间	部门	政策	内容
2015 年 12 月	中国人民银行	《中国人民银行公告〔2015〕第 39 号》	为绿色债券的发行提供政策信号
2015 年 12 月	国家发展改革委	《绿色债券发行指引》	明确绿色债券适用范围和支持重点
2016 年 9 月	中国人民银行、财政部、国家发展改革委、环保部、银监会、证监会、保监会	《关于构建绿色金融体系的指导意见》	为建设绿色金融体系提供顶层设计
2017 年 1 月	国家发展改革委、财政部、国家能源局	《关于试行可再生能源绿色电力证书核发及自愿认购交易制度的通知》	为可再生能源权益金融提供实施细则
2017 年 1 月	国家发展改革委、财政部、国家能源局	《关于试行可再生能源绿色电力证书核发及自愿认购交易制度的通知》	为环境权益金融提供实施细则
2017 年 3 月	中国银行间市场交易商协会	《非金融企业绿色债务融资工具业务指引》	为绿色债券业务提供实施细则

续表

时间	部门	政策	内容
2017年3月	证监会	《关于支持绿色债券发展的指导意见》	为绿色债券提供便利措施
2017年5月	财政部	《城乡居民住宅地震巨灾保险专项准备金管理办法》	为绿色保险业提供实施细则
2017年6月	国务院	在江西、浙江、广东、贵州、新疆五省（区）设立绿色金融改革创新试验区	—
2017年8月	国家发展改革委	《社会领域产业专项债券发行指引》	为绿色债券提供便利措施
2017年12月	中国人民银行、证监会	《绿色债券评估认证行为指引（暂行）》	为绿色债券提供便利措施
2017年12月	国家发展改革委	《全国碳排放权交易市场建设方案（发电行业）》	为气候权益金融提供实施细则
2018年3月	中国人民银行	《关于加强绿色金融债券存续期监督管理有关事宜的通知》	为绿色债券提供实施细则
2018年6月	中国人民银行	《中国人民银行决定适当扩大中期借贷便利（MLF）担保品范围》	提升投资机构配置绿色债券的动力
2018年7月	中国人民银行	《银行业存款类金融机构绿色信贷业绩评价方案（试行）》	为绿色信贷提供实施细则
2018年8月	上海证券交易所	《上海证券交易所资产支持证券化业务问答（二）——绿色资产支持证券》	明确绿色资产支持证券的认定标准，扩大其发行范围
2018年8月	工信部、中国农业银行	《关于推进金融支持县域工业绿色发展工作的通知》	为绿色信贷提供便利措施
2018年11月	中国证券投资基金业协会	《绿色投资指引（试行）》	规定绿色投资主题基金应主动适用已公开的行业绿色标准筛选投资标的

2. 气候投融资政策

在绿色金融的实践中，我国在气候投融资领域也展开了积极的探索。其中，生态环境部作为牵头人制定和发布了一系列政策和规划，为推动构建气候投融资机制奠定了重要的基础。详细的气候投融资相关政策如表1－3所示。

表1－3　　　　环保部门制定的气候投融资相关政策

时间	部门	政策	内容
2017年5月	环保部	《“一带一路”生态环境保护合作规划》	为绿色发展基金提供政策支持
2017年7月	环保部	《长江经济带生态环境保护规划》	为绿色发展基金提供政策支持
2017年8月	环保部	《环境保护部关于推进环境污染第三方治理的实施意见》	为环境权益金融提供政策支持
2018年5月	生态环境部	《环境污染强制责任保险管理办法（草案）》	为绿色保险提供实施细则
2018年11月	生态环境部	《中国应对气候变化的政策与行动2018年度报告》	为气候权益金融提供政策支持

2005年10月，我国正式颁布了《CDM项目运行管理办法》，为碳市场的构建供给了碳信用机制。2009年3月，我国在CDM项目国家收入的基础上建立了CDM基金，最大限度地发挥了公共资金在低碳领域的作用。2011年，《国家“十二五”规划纲要》指出，我国在“十二五”期间需要明确能源消费总量控制目标和分解落实机制并逐步建立碳排放交易市场。详细的碳市场相关政策如表1－4所示。

表 1-4　碳市场相关政策

时间	颁布的文件	碳市场相关内容
2010 年 7 月	《国家发展改革委关于开展低碳省区和低碳城市试点工作的通知》	要求试点的五省八市积极探索有利于节能减排和低碳产业发展的提质机制，研究运用市场机制推动控制温室气体排放目标的落实
2011 年 8 月	国务院《“十二五”节能减排综合性工作方案》	开展碳排放交易试点，建立自愿减排机制，推进碳排放权交易市场建设
2011 年 11 月	国务院常务会议《“十二五”控制温室气体排放工作方案》	探索建立碳排放交易市场
2011 年 11 月	《国家发展改革委办公厅〈关于开展碳排放权交易试点工作的通知〉》	批准北京市、天津市、上海市、重庆市、湖北省、广东省、深圳市 7 个省市开展碳排放权交易试点工作
2012 年 6 月	《温室气体自愿减排交易管理暂行办法》	明确了自愿减排交易的交易产品、交易场所、方法申请程序及审定和核证机构资质的认定程序
2014 年	《碳排放权交易管理办法》	是全国碳排放权交易建设的纲领性、原则性文件
2020 年	《碳排放权交易管理办法（试行）》	对重点排放单位纳入标准、配额总量设定与分配、交易主体、核查方式、报告与信息披露、监管和违约惩罚等方面进行了全面规定

在此基础上，2020 年 10 月生态环境部国家发展改革委、中国人民银行、银保监会和证监会联合发布《关于促进应对气候变化投融资的指导意见》。作为我国第一个针对气候投融资工作发布的顶层设计文件，该指导意见的发布有力地推动了气候投资、融资及风险管理的发展，为我国实现“双碳”目标提供了政策保障。

该指导意见将加快构建气候投融资政策体系放在了首位。第一，强化环境经济政策引导。积极应对气候变化的环境经济框架体系的构建是气候投融资行业发展的基础，为应对气候变化工作提供了指引。通过项目的筛选，挖掘高质量的低碳项目，加快建立国家气候投融资项目库，推动建立低碳项目资金需求和供给平台。推动低碳领域的产融合作，尽快研究制订符合低碳要求的产品和服务标准，不断培育低碳市场和扩大低碳需求。第二，强化金融政策支持。完善气候投融资监管政策，在风险可控的前提下支持和鼓励金融机构开发气候友好型的气候投融资产品。激励金融机构从自身出发，引导更多的社会资金为气候项目提供有效的金融支持。同时，支持符合条件的气候友好型企业通过资本市场进行融资和再融资，鼓励更多的小微企业和社会公众参与应对气候变化行动。第三，强化各类政策协同。气候投融资政策要与国家应对气候变化的中长期战略保持一致，与绿色金融政策保持高度协调性。同时，各主管部门应明确责权、优化部门之间的协调机制，将气候变化因素纳入宏观和产业政策中，形成政策合力。

总之，目前针对气候投融资我国已初步建立，但尚未形成一套完备的政策体系架构。已有的气候投融资政策体系更多的侧重指引或者规划，并未对气候投融资活动的政策需求进行针对性的响应和反馈，因此，仍需深层次地分解相关政策需求，将其反映和匹配到具体的政策制定中。

第二章　气候投融资工具和应用

气候投融资市场是气候资金供需双方借助气候投融资平台通过专业的金融工具进行的资金交易活动的集合。随着应对气候变化逐渐成为人们关注的热点，气候投融资市场除了包括新兴的碳金融市场，更包括传统金融市场在气候投融资领域的创新。

一、气候投融资工具简介

目前，气候投融资工具主要有信贷工具、证券工具及衍生品、保险工具和碳金融工具。

（一）信贷工具

1. 信贷及相关政策

应对气候变化，发展低碳技术和产业需要巨额的资金投入。信贷可以通过聚集资金、调剂资金余缺、优化资源配置和提高经济效益的功能助力我国实现产业模式从高碳向低碳转型。因此，减缓和适应气候变化需要信贷的支持。

信贷资金的需求者、供给者和信贷中介是信贷的主要参与主体，

图 2－1 列示了传统的信贷流程。

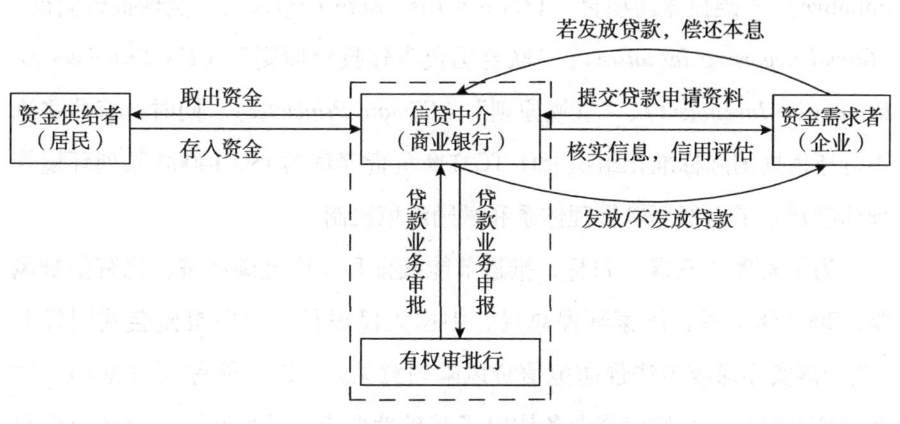

图 2－1　传统信贷流程

2002 年，“赤道原则”（*Equator Principles*）的提出在推动金融机构践行气候融资的过程中具有里程碑意义。赤道原则主要包括序言、适用范围、原则声明和免责声明四部分。其中，序言部分对赤道原则出台的动因、目的和采用赤道原则的意义作了简要说明；适用范围部分主要规定赤道原则适用于全球各行业项目资金总成本超过 1 000 万美元的所有新项目融资和因扩充、改建对环境或社会造成重大影响的原有项目。原则声明是赤道原则的核心部分，列举了采用赤道原则的金融机构（EPFIs），即赤道银行作出投资决策时需依据的 10 条特别条款和原则，赤道银行承诺仅会为符合条件的项目提供贷款。

赤道原则第一次明确和具体了信贷中的环境和社会标准，有利于信贷中介，主要是商业银行，规范信贷市场的良性竞争，更好地履行社会责任。商业银行在落实赤道原则的过程中，不仅建立和维护了良好的声誉，而且在一定程度上控制了金融气候风险。截至 2023 年 5 月 11 日，我国一共有 7 家银行加入了赤道原则，分别是兴业银行、重庆银行、贵州银行、江苏银行、湖州银行、绵阳市商业银行、重庆农村商业银行。

除了赤道原则，不少银行也加入了国际社会发起的“联合国全球契约”（*UN Global Compact*）、“联合国环境规划署金融协会”（UNEP Finance Initiative）、“碳披露新项目”（Carbon Disclosure Project）、“全球报告倡议”（*Global Reporting Initiative*）、“联合国负责任投资原则”（*UN Principles for Responsible Investment*）、“气候原则”（*Climate Principles*）。同时，有些主流银行还依据国际标准化组织 ISO/TC 209 负责起草的 ISO 14000 系列环境管理标准建立了内部环境管理体系和激励约束机制。

为了实现“双碳”目标，推进节能减排和发展低碳经济，化解信贷风险，2007 年 7 月，国家环保总局、中国人民银行、中国银监会共同发布《关于落实环保政策法规防范信贷风险的意见》（以下简称《意见》），对我国商业银行的气候信贷业务作出了基础性要求。《意见》要求各金融机构必须将企业环保守法作为审批贷款的必备条件，对未通过环评审批的新建项目，金融机构不得新增任何形式的授信支持；同时对于环保部门查处的超标排污、未取得许可证排污或未完成限期治理任务的已建项目，金融机构在审查所属企业流动资金贷款申请时应严格控制贷款。

在此基础上，我国陆续出台了绿色信贷或者气候信贷的相关政策或者文件，气候信贷政策体系已基本形成，详见表 2－1。

表 2－1　　　　气候信贷政策体系

时间	发布单位	政策文件	重点内容
2012 年	银监会	《绿色信贷指引》	进一步完善绿色信贷相关规定，细化绿色信贷管理体系
2013 年	银监会	《绿色信贷统计制度》	对绿色信贷相关统计领域进行明确划分，要求银行机构对涉及环境、安全等重大风险企业贷款和节能环保项目及服务贷款、年度节能减排能力进行统计
2014 年	银监会	《绿色信贷实施情况关键评价指标》	绿色信贷考评关键文件和绿色银行评级的重要依据
2017 年	银行业协会	《中国银行业绿色银行评价实施方案（试行）》	将绿色信贷业绩表现纳入宏观审慎评估（MPA）

续表

时间	发布单位	政策文件	重点内容
2018 年	中国人民银行	《关于开展银行业存款类金融机构绿色信贷业绩评价的通知》	将绿色信贷业绩评价指标设为定量和定性两类：定量指标权重为 80%，包括绿色贷款余额占比、绿色贷款余额份额占比、绿色贷款增量占比、绿色贷款余额同比增速、绿色贷款不良率 5 项；定性指标权重为 20%，得分由中国人民银行综合考虑银行业存款类金融机构日常经营情况并参考定性指标体系确定
2019 年	银保监会	《关于推动银行业和保险业高质量发展的指导意见》	要求金融机构建立健全环境与社会风险管理体系，将环境、社会和治理要求纳入授信全流程，强化环境、社会和治理信息披露以及利益相关方的交流互动
2020 年	财政部	《商业银行绩效评价办法》	将绿色信贷占比纳入服务国家发展目标和实体经济的考核条件
2021 年	中国人民银行	《银行业金融机构绿色金融评价方案》	修订《关于开展银行业存款类金融机构绿色信贷业绩评价的通知》

资料来源：根据相关资料整理。

2. 气候信贷工具

在环境保护和应对气候变化等因素的驱动下，信贷绿色化成为金融机构，尤其是银行业的发展趋势。商业银行在构建其业务架构时，不仅要满足合作伙伴、客户等的需要，而且还要使相关的业务行为对社会及生态环境负责。基于国际的视角，目前主要的国外商业银行气候信贷产品如表 2 -2 所示。

表 2 -2　　　　国外商业银行气候信贷产品

贷款种类	产品
项目融资	“转废为能项目”（Energy from Waste Project）给予长达 25 年的贷款支持，只需与当地政府签订废物处理合同并承诺支持合同范围外废物的处理
绿色信用卡	向该卡用户购买绿色产品和服务提供折扣和较低的借款利率，卡利润的 50% 用于世界范围内的碳减排项目

续表

贷款种类	产品
运输贷款	小企业管理快速贷款（Small Business Administration Express Loan）以快速审批流程，向火车公司提供无抵押兼优惠条款，支持其投资节油技术，帮助其购买节油率达15%的Smart Way升级套装
汽车贷款	清洁空气汽车贷款（Clean Air Auto Loan）向所有低排放的车型提供优惠利率
商业建筑贷款	为绿色能源与环境设计先锋（Leadership in Energy and Environmental Design，LEED）认证的节能商业建筑物提供第一抵押贷款和再融资，开发商不必为"绿色"商业建筑物支付初始保险费
房屋净值贷款	根据环保房屋净值贷款申请人使用VISA卡消费金额，按一定比例捐献给环保非政府组织
住房抵押贷款	生态家庭贷款（Eco－Home Loan）为所有房屋购买交易提供免费家用能源评估及二氧化碳抵消服务

资料来源：根据相关资料整理。

在一系列政策体系的支持下，我国绿色信贷发展规模呈上升态势。截至2020年末，我国绿色信贷余额近12万亿元，存量规模世界第一。截至2021年第一季度，绿色贷款余额达13万亿元，较上季度增长9%。此外，绿色信贷在中国金融机构总信贷中的占比也保持稳步增长。截至2021年第一季度末，我国绿色信贷的占比已达到7.2%，较2018年末提高了1.2个百分点，具体如图2－2所示。

从信贷投放主体来看，商业银行是绿色信贷中的参与主体，其中大中型上市商业银行的绿色信贷余额占据半壁江山。2020年末，部分大中型商业银行绿色信贷规模总额已达到7.4万亿元，较2019年同期平均增幅超过23%。同时，多家商业银行年报显示，绿色金融依然是未来重要的发展方向，银行将积极践行环境友好型发展理念，探索更多气候金融产品与服务。

从绿色信贷投放的行业来看，绿色信贷目前主要集中在交通、能源等行业，占比超过50%。截至2021年第一季度，交通运输、仓储和邮政业的绿色贷款余额达3.85万亿元，占比29.5%；其次为电力、热力、燃气

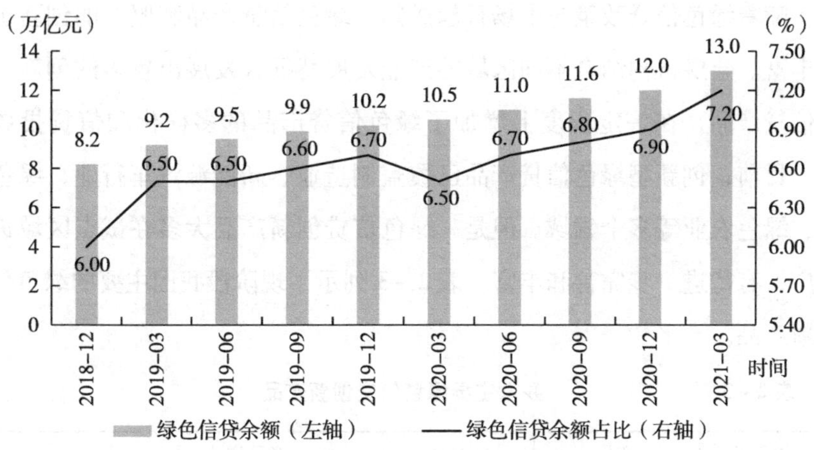

图 2-2 我国主要金融机构绿色信贷余额和占比

（资料来源：Wind，毕马威分析）

及水生产和供应业绿色贷款，贷款余额为 3.73 万亿元，占比 28.6%。2018—2021 年，交通和能源行业的绿色贷款占比有所下降，但其他行业的绿色信贷占比持续增长，2021 年第一季度末较 2018 年末提升了 18%，行业分布逐渐多元化，具体详见图 2-3。

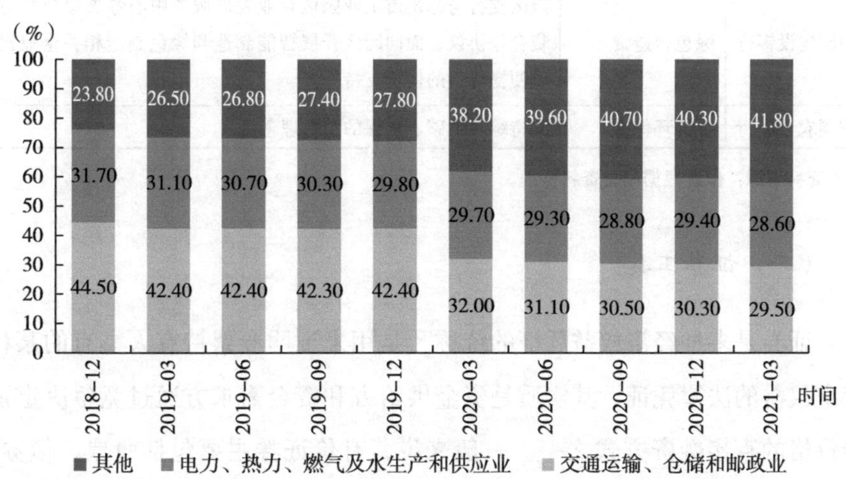

图 2-3 我国主要金融机构绿色贷款余额机构分布

（资料来源：Wind）

随着绿色信贷政策与市场日趋成熟，绿色信贷产品和服务的创新也愈加丰富。金融机构结合不同区域的产业发展特征，发展出较多的创新型绿色信贷产品，在一定程度上增加了绿色信贷产品的多样化和信贷投放力度。目前，创新型绿色信贷产品已覆盖制造业、新能源汽车行业、绿色园区、绿色农业等多个领域。但是，绿色信贷创新产品大多在试点区域进行推广，有待进一步完善和丰富。表2－3列示了现阶段我国主要的绿色信贷创新产品。

表2－3　　我国主要绿色信贷创新产品

银行	产品	产品详述
兴业银行	绿色建筑按揭贷款	对购买绿色建筑、被动式建筑、装配式建筑的客户提供住房按揭贷款，同时给予差异化的资源分配、授信政策、灵活的还款方式和宽限期限待遇
中信银行	汽车消费贷	针对新能源汽车推出多种融资方案和弹性尾款方案
华夏银行	光伏贷	以分布式光伏电站个人农户发电并网的收益以及各级地方政府的补贴款作为第一还款来源，同时根据农户个人资信情况及实际需求，追加个人或相关人员的连带保证
中国建设银行	绿色智造贷	园区支行与苏州市工业园区企业发展服务中心签署绿色智造贷合作协议，面向园区开展智能制造和绿色制造相关企业提供便捷优待的信贷支持
中国农业银行	金穗环保卡	支持绿色低碳、环保的消费理念

资料来源：作者根据相关资料整理。

（二）证券工具

证券是多种经济权益凭证的统称，是用来证明券票持有人享有的某种特定权益的法律凭证，其实质是资金供给方和资金需求方通过竞争决定证券价格的直接融资方式之一。一般来说，有价证券主要包括股票、债券、基金和衍生品。证券市场的功能主要体现在定价、资源配置和分散风险等方面，以提升资源利用效率。在应对气候变化成为共识的今天，实现产业绿色化升级和构建环境友好型产业经济体系需要证券的参与和支持。

1. 股票

股票（Stock）是股份公司所有权的一部分，也是发行的所有权凭证，是股份公司为筹集资金而发行给各个股东作为持股凭证并借以取得股息和红利的一种有价证券。股票是资本市场的长期信用工具，可以转让、买卖，股东凭借它可以分享公司的利润，但也要承担公司运作错误所带来的风险。每股股票都代表股东对企业拥有一个基本单位的所有权。

绿色低碳领域企业发行的股票就可称为绿色股票。2020 年，全球首只绿色股票在瑞典亮相，成为气候投融资领域的又一创新产品。然而，简单和粗略地将股票分为绿色股票和非绿色股票，一方面使得企业存在“漂绿”的动机，另一方面容易忽视对从传统行业向绿色低碳转型企业的激励。2021 年 6 月 8 日，纳斯达克面向北欧市场的发行人推出“绿色股票标签”（Green Equity Designation）计划，目的是提高上市公司在绿色发展方面的能见度和透明度，便于投资者识别绿色标的。绿色股票标签是通过企业的收入、支出和投资等活动的现金流来判断企业的绿色程度并作为依据为该企业发行的股票贴深绿、中绿、浅绿、黄或红的标签。截至 2022 年 7 月，已有 8 家上市公司获得了纳斯达克的绿股标签。2021 年 11 月，菲律宾的一家聚焦可再生能源的不动产投资信托公司也获得了绿股认证，并于 2022 年 2 月在菲律宾交易所上市，成为亚洲首笔绿色公开募股（IPO）。

作为一种新型可持续金融产品，绿色股票为全球投资者提供了新的资产类别。绿色股票聚焦于节能减排与低碳转型主题，评估方法客观透明，可满足那些专注于气候变化风险与机遇的股权投资者的特殊需求。在全球“碳中和”大趋势下，绿色股票有望成为与绿色债券并驾齐驱的核心绿色金融资产之一。

为了适应气候应对市场和相关投资者的需要，金融服务机构利用自身的专业知识和市场优势，编制了绿色股票或者环境股票价格指数以达到反映市场价格变动的目标。投资者可以据此检验自己投资的效果并用以观测股票市场的动向。同时，绿色股票价格指数可以反映社会经济发展形势。目前，国际上主要的绿色股票价格指数如表2－4所示。

表2－4　　国外主要绿色股票价格指数

指数名称	具体内容
标准普尔全球环境指数（S&P Global Environment Index）	该指数覆盖8个环境产业分支行业，共有不多于30只成分股，每半年根据各分支行业的市值变动作出调整以充分反映每个分支行业的实际增长情况
可持续发展股票指数（Sustainability Indexes）	该指数综合考虑了经济、社会和环境三个方面来选择上市公司，并且在编制过程中采用两种方法筛选上市公司：正面指标筛选方法和负面指标筛选方法
道琼斯可持续发展指数（Dow Jones Sustainability Index）	该指数设立的目的是跟踪领先的可持续发展公司的财务业绩，包括全球指数、欧洲指数和北美指数等细分指数

目前，我国尚未有真正意义的绿色股票，但是在绿色股票指数领域有较多的实践。发展绿色股票指数，有利于督促上市公司加强环保，社会责任等信息披露，引导社会资本向环境保护行业的公司配置，进而促进绿色经济的发展。[①] 截至2018年底，中证指数公司与上海证券交易所、北京环境交易所等金融机构积极合作，在我国股票市场上已成功推出19只绿色股票指数，总共占其编制的A股市场指数总数（759只）的2.5%，其中，可持续发展有5只，环保产业类12只，绿色环境有2只，[②] 详见表2－5。

---

① 秦二娃，王骏娴．“绿色股票指数”的发展［J］．当代金融家，2016（8）．

② 秦二娃，王骏娴．“绿色股票指数”的发展［EB/OL］．http：//www.modernbankers.com/html/2016/financiercon_0831/306.html.

表2-5　我国绿色股票指数

类别		指数全称	指数简称
可持续发展	ESG	中证财通中国可持续发展100（ECPI ESG）指数	ESG 100
		中证 ECPI ESG 可持续发展40指数	ESG 40
		上证180公司治理指数	180治理
	公司治理	上证公司治理指数	公司治理
	社会责任	上证社会责任指数	责任指数
环保产业	环保产业	中证内地低碳经济主题指数	内地低碳
		中国低碳指数	中国低碳
		中证环保产业50指数	环保50
		上证环保产业指数	上证环保
		中证环保产业指数	中证环保
		中证水杉环保专利50指数	环保专利
	环境治理	中证环境治理指数	环境治理
		中证阿拉善生态主题100指数	生态100
		中证水环境治理主题指数	水环境
	新能源	中证新能源汽车指数	新能源车
		中证新能源指数	中证新能
		中证核能核电指数	中证核电
绿色环境		上证180碳效率指数	180碳效
		中证海绵城市主题指数	海绵城市

2. 债券

债券（Bonds）是一种金融契约，是政府、金融机构、工商企业等直接向社会借债筹借资金时，向投资者发行，同时承诺按一定利率支付利息，并按约定条件偿还本金的债权债务凭证。债券的本质是债的证明书，具有法律效力。债券购买者或投资者与发行者之间是一种债权债务关系，债券发行人即债务人，投资者（债券购买者）即债权人。债券是一种有价证券，由于债券的利息通常是事先确定的，所以债券是固定利息证券（定息证券）的一种。在金融市场发达的国家和地区，债券可以上市流通。

绿色债券（包括气候债券）是指将所得资金专门用于资助符合规定条件的绿色项目或为这些项目进行再融资的债券工具。相比于普通债券，绿色债券主要在四个方面具有特殊性：债券募集资金的用途、绿色项目的评估与选择程序、募集资金的跟踪管理以及要求出具相关年度报告等。

（1）国际绿色债券发展现状

目前，国际上越来越多的主流投资机构在关注可持续发展投资，投资绿色债券既能体现其对减缓气候变化的支持，还能得到较为稳定的长期收益。现有的绿色债券市场上的主要投资者包括 ESG 投资人、社会责任投资者、金融机构、实体企业、个人投资者和政府等。不仅如此，许多国家对本国绿色债券市场的发展都提供了十分有力的支持，各级政府（包括国家和城市）都发挥着非常积极的作用，政策性银行更是加大了参与力度。

2007 年，欧洲投资银行向欧盟 27 个成员国投资者发行全球首只绿色类债券“气候意识债券”，该债券期限为 5 年，发行规模为 6 亿欧元。2009 年，世界银行发行了第一笔真正意义上的标准化绿色债券，该债券由瑞典北欧斯安银行独立承销，发行规模约为 23. 25 亿瑞典克朗，6 年期，票面利率 3. 15%。以 2013 年为分水岭，2013 年之前全球绿色债券的发行人以欧洲投资银行（EIB）、世界银行（WB）、国际金融公司（IFC）等多边开发银行为主，商业银行发行者基本没有。这主要是因为当时市场上缺乏完整的绿色债券筛选标准及公开透明的募集资金管理机制，而多边开发银行作为国际性金融机构，具有高信用保障及稳定的投资收益等特征，通过其发行的绿色债券能够极大程度上确保资金使用的绿色专项性与合规性。

2013 年之后，全球绿色债券市场开始逐步发展，年发行量从 2013 年的 110 亿美元迅速上升到 2014 年的 375 亿美元及 2015 年的 425 亿美元。2013—2014 年，更多私营部门，包括私营企业和商业银行等参与到绿色债券的发行中。2013 年 11 月，法国电力公司（EDF）发行了一只 14 亿欧元的绿色债券。2014 年，国际资本市场协会（ICMA）和气候债券倡议组织（CBI）分别发布了“绿色债券原则”（GBP）和“气候债券组织标准”（CBS），二者构成了最重要的自律性行业认证标准，为全球绿色固定收益资产的标准统一及中介认定体系的发展奠定了基础，从制度上推动了绿色债券发展。自此，国际绿色债券的参与发行主体逐步多元化，发行主体范围逐渐扩大，由最初的政策性金融机构逐渐扩展到市政机构、地方政府、商业银行和企业，更多的私营部门企业加入到绿色债券的发行人行列，创新品种也不断出现，绿色债券正式步入快速发展通道。

目前，全球绿色债券市场已形成良好的发展势态，绿色债券发行规模持续增长，成为资本市场中的亮点。2019 年，国际绿色债券的发行量持续保持快速增长。根据气候债券倡议组织统计的数据，2019 年全球绿色债券发行期数为 1788 期，发行规模达到 2 577 亿美元，发行规模较 2018 年增长 51.06%。绿色债券发行人共 496 家，包括国际开发机构、金融机构及非金融机构等。根据彭博社数据，截至 2020 年 11 月末，全球金融市场绿色债券的发行规模已达到 2 911 亿美元。

从细分品种来看，目前的国际绿色债券主要划分为绿色资产支持证券（ABS）、绿色收益债券、绿色项目债券和绿色用途债券。

从发行结构来看，绿色债券从最初的以多边开发银行为主体的单一结构发展为如今非金融机构、金融机构、主权机构、政府支持实体及政策性银行并存的局面。非金融企业发行量 2019 年累积发行额为 593 亿美元，占 2019 年绿色债券发行总额的 23%。金融企业发行保持稳定增长，在 2019 年接近 550 亿美元，占发行总额的 21%。政府支持实体的发行量在 2019 年占比为 15%。

绿色债券与一般债券的发行原则相比，其最大的区别在于发行人需公开声明所募得的资金将投放于具有环境效益的“绿色”项目、资产或商业活动，如可再生能源、低碳交通或林业项目。绿色债券发行人应审核绿色债券的发展方向和理念，考虑其是否与融资目标和可持续发展策略相匹配，可参照绿色债券原则、气候债券准则、各国指引及其他不断更新的绿色债券指引条款设立项目筛选流程。针对募集资金的追踪和分配，需建立稳健的管理和控制措施，以确保募集资金的使用与债券条款一致。

与此同时，目前国际市场尚未建立面向绿色债券的绿色评级体系，只是引入了第三方认证绿色债券是否“绿”的问题。绿色债券作为一种资金专项债券，信用评级的建立可以对债券及发行人违约的可能性进行衡量，为与绿色债券相关的利益者提供重要的决策信息。此外，对“绿色”的评估可以进一步量化，使之成为债券定价的依据。但是目前针对绿色债券的信用评级主要还是评估发行人对绿色债券的偿债能力大小，并没有深入分析绿色程度与债券违约风险之间的关系，无法评估绿色因素对债券违约风险的影响。因此国际资本市场协会和气候债券倡议组织、评级机构等都在陆续发布绿色债券的评估认证方法和工具。

（2）我国绿色债券发展现状

与国际绿色债券发展历程类似，我国绿色债券发展大体也分为两个阶段。2015—2019 年，我国相继出台了《银行间债券市场发行绿色金融债券有关事宜公告》《绿色债券发行指引》《关于开展绿色公司债券试点的通知》和《非金融企业绿色债务融资工具业务指引》等一系列绿色债券的实施政策和方针，标志着我国绿色债券政策体系初步建立。2020 年至今，随着“碳达峰、碳中和”目标的提出，关于绿色债券的多项政策密集出台。其中，2021 年中国人民银行、国家发展改革委、证监会联合发布《绿色债券支持项目目录（2021 年版）》。这是中国绿色债券支持项目目录的首次更新，是标志绿色债券分类标准统一的重要文件，在统一国内绿色债券项目标准、提升可操作性以及与国际标准接轨等方面均体现了积极意义。

“双碳”目标的达成及中国经济的绿色转型需要大量的资本支持，但是绿色项目本身的专业属性在一定程度上提高了其融资的难度。

绿色债券作为已经被贴标的债券，其中相当一部分已经通过第三方评估认证，大幅提高了投资人识别绿色产业项目的准确性和可靠性。中国人民银行数据显示，截至2020年末，中国绿色债券存量8 132亿元人民币，居世界第二且尚无违约案例。中央财经大学绿色金融国际研究院公布的数据显示，2016年中国债券市场上的绿色债券发行规模为2 314.18亿元，共发行各类债券60只，之后呈逐年上升趋势。截至2020年，境内外累计发行规模已突破1.4万亿元人民币，虽然由于受新冠疫情影响，当年新增发行规模小于2019年，但发行数量同比增长，产品品种创新更为多样，详见图2－4。

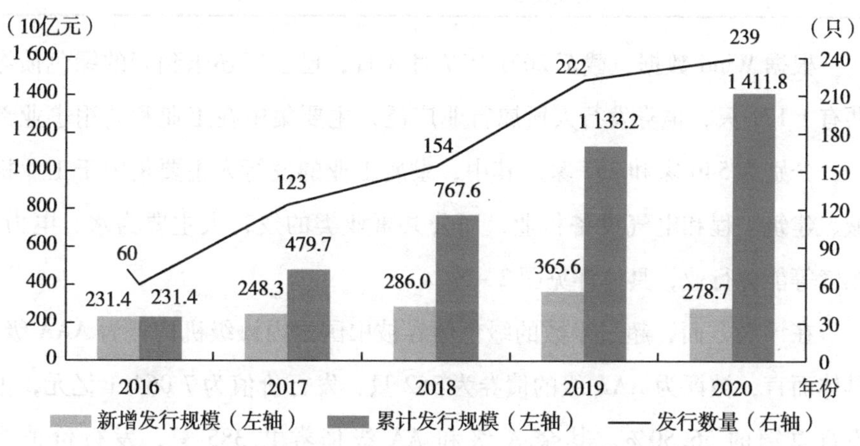

图2－4　2016—2020年我国绿色债券发行规模

目前，我国的绿色债券品种有金融债、企业债、公司债、资产支持债券、地方支持债和其他债券，具体详见表2－6。

表2－6　　我国绿色债券主要品种和对应的监管机构

债券名称	债券品种	细分品种	监管机构
绿色债券	金融债	商业银行债	人民银行
		政策银行债	
		其他金融机构债	
	企业债	—	国家发展和改革委员会
	公司债	一般公司债	证监会
		其他及私募债	
	资产支持债券	资产支持证券①	银保监会②、证监会、交易商协会
	地方支持债	—	财政部
	其他	商业票据	国家发展和改革委员会
		中期票据	
		定向工具	
		可转债	证监会
		可交换债	

根据Wind数据，截至2021年7月8日，已发行还未到期的绿色债券共有1 171只，债券发行人所属行业广泛，主要集中在工业和公用事业部门，分别为546家和255家。其中，隶属工业的发行人主要集中于工业机械、建筑工程和电气设备行业，而公共事业类的发行人主要为水、电力、燃气等能源行业，具体详见图2－5。

在评级方面，超过半数的绿色债券被中国国内评级机构评为AAA级。具体而言，被评为AAA级的债券为352只，发行价值为7 064.1亿元，占发行总额的56.50%。其余A级和AA级债券共385只，发行价值为2 984.0亿元，占发行总额的24%。评级为B的债券共有7只，发行总额

① 资产支持证券（ABS）是一种债券性质的金融工具，资产证券化就是原始权益人和金融机构将预期能够产生现金流的资产通过结构化等方式进行组合，以其现金流为支持发行有价证券出售给投资者，这些证券就叫"资产支持证券"。

② 2023年3月，中共中央、国务院印发了《党和国家机构改革方案》。在中国银行保险监督管理委员会基础上组建国家金融监督管理总局，不再保留中国银行保险监督管理委员会。

为27.1亿元，占比较小，具体详见图2-6。

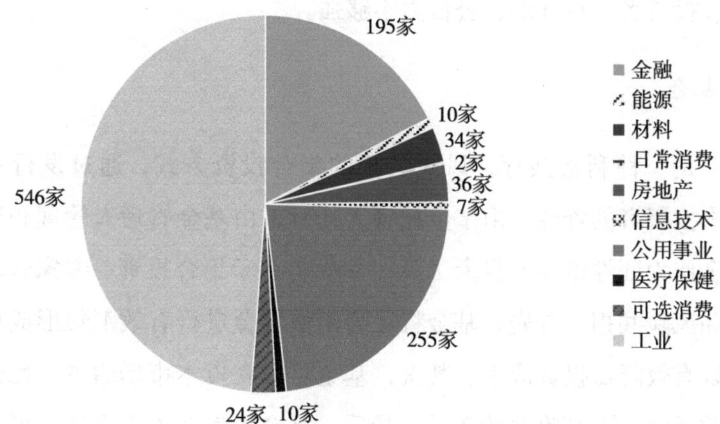

图2-5　我国债券发行人行业分布

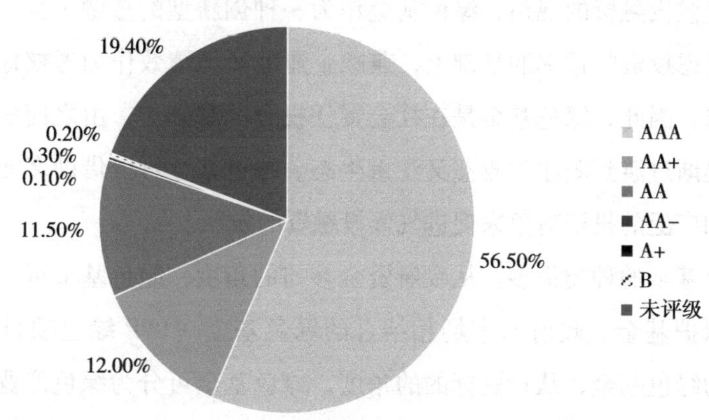

图2-6　我国不同评级绿色债券发行量分布

（资料来源：Wind）

我国绿色债券市场发展快速，制度建设日渐完善，但仍存在不少改进空间。首先，需要提高我国绿色债券标准和国际标准的兼容性。目前我国的绿色债券认定标准与国际公认的气候债券倡议组织发布的气候债券标准存在差异，一定程度上引起国际投资者对于我国绿色债券是否“真绿”产生质疑。其次，需要强化信息披露与监督机制。目前我国绿色债券还未实行严格的第三方认证。绿色债券发行之后的监督与评估工作，主要由债券发行人或投资者自行开展，公信力不够强。

3. 基金

基金是一种利益共存、风险共担的集合投资方式，通过发行基金份额，集中投资者的资金，由基金托管人托管，由基金管理人管理和运用资金。基金作为证券市场的投资工具，其优势在于集合投资、专家管理、利益共享和风险共担。首先，基金将社会闲散资金进行有效汇集形成规模优势，可以有效降低投资成本。其次，基金可以在资本市场通过多元化投资达到分散风险，提高收益的效果。最后，基金由专业人士管理，可以最大限度地避免投资决策失误并一定程度地提高投资收益率。

从气候投融资的视角，绿色基金作为一种创新型的金融工具，是指投资时在考虑投资收益率的基础上，兼顾企业的环境绩效作为考核标准进行投资筛选。因此，绿色基金是在社会责任投资的基础上，由之前的单一追求收益逐渐过渡到既注重收益又注重生态。绿色基金可以借助多元化的融资渠道和广泛的投资对象来促进气候投融资的发展。

绿色基金的种类很多。从政府资金参与的角度，绿色基金可分为政府性环境保护基金、政府与市场相结合的绿色基金（PPP 绿色项目基金）、纯市场的绿色基金；从投资标的的角度，绿色基金可分为绿色产业投资基金、绿色债权基金、绿色股票基金、绿色混合型基金等。不同类型的绿色基金，其目的、资金来源、投资、运行机制和组织形式都有所区别，表 2 –7 详细列示了我国四种主要绿色基金模式。

表 2 –7　　　　我国四种主要绿色基金模式

基金类型	发起主体	基金投向	基金特点
绿色产业引导基金	各级政府	偏公益性行业，具有长远意义、重大意义的关键技术和重要领域	投资回报期长，风险较大

续表

基金类型	发起主体	基金投向	基金特点
PPP 绿色项目基金	地方政府/建设单位	地方建设项目	公益性强，投资期限长，投资回报率偏低，但现金流相对稳定
产业发展绿色基金	大型企业集团	与企业业务具有协同性的绿色产业	侧重生态发展和经济效益的结合，布局绿色产业的同时，履行社会责任
绿色私募股权/风险投资（PE/VC）基金	金融机构和个人投资者	市场化项目	行业前景较好，投资回报较好的绿色股权项目

资料来源：海南省绿色金融研究院。

近几年，绿色基金在美国等发达国家得到了较快发展。美国最初没有专门设立绿色基金，只在社会责任投资基金（Socially Responsible Investment，SRI）基金内纳入生态投资。自美国诞生第一只绿色基金 Calvert Balanced Portfolio A 以后，更多的绿色基金在市场相继推出，带来了良好的经济和生态效益。在众多基金类型中，以 ESG 基金发展较为迅速。美国 ESG ETF 规模超过 700 亿美元；欧洲 2020 年已发行约 72 只 ETF，几乎是 2018 年的两倍，占 2020 年所有 ETF 发行量的近一半。据国际可持续投资联盟（GSIA）统计，2018 年初，全球纳入 ESG 因素的投资资产总量为 30.7 万亿美元，约占全球投资资产总量的 26%，较 2016 年增加 34%，较 2014 年增加 68%。从全球 ETF 规模上，据 ETFGI 统计，2020 年全球 ESG 理念的 ETF 投资规模首次超过了 1 000 亿美元。晨星数据显示，2020 年第二季度，全球对 ESG 资产的投资同比大幅提升 72%，净流入资金历史最高，达到 711 亿美元，其中，欧洲和美国贡献了主要的资金流入。

中国政府先后出台多项文件和指导意见来明确战略定位、发展路径。在这些政策的大力支持和指导下，我国建立起绿色基金发展的制度性框架，为绿色基金的蓬勃发展奠定了政策基础。表 2 - 8 列示了我国绿色基金相关政策。

表 2-8　　我国绿色基金相关政策

时间	相关政策
2015 年	《生态文明体制改革总体方案》
2016 年	《中共中央关于制定国民经济和社会发展第十三个五年规划的建议》
2016 年	《关于构建绿色金融体系的指导意见》
2018 年	《中共中央　国务院关于全面加强生态环境保护　坚决打好污染防治攻坚战的意见》
2019 年	《关于进一步明确规范金融机构资产管理产品投资创业投资基金和政府出资产业投资基金有关事项的通知》
2020 年	《关于促进应对气候变化投融资的指导意见》

2001 年，青云创投投资管理有限公司成立，2002 年该公司组建了国内第一只采取风险投资方式运作，专注于中国环保产业的国际投资基金，主要投资领域包括新能源、环保、节能、新材料、资源综合利用、碳减排等。2011 年 2 月，第一只投资于证券市场的绿色基金——兴全绿色投资股票型证券投资基金诞生，该基金重点关注绿色科技产业或公司。2011 年，国内首只专注于合同能源管理项目及节能服务公司投资的基金——合同能源管理基金成立，该基金主要投资于交通节能、工业节能、建筑节能领域的项目和节能设备生产商。同年，全国首只低碳私募股权投资基金——浙商诺海低碳基金成立，首期募集到的规模达到 2.2 亿元人民币，该基金更多关注比较成熟的处在发展阶段中后期的企业。此外，获得国家发展改革委批复的首只具有外资北京的低碳基金——新能源低碳基金，于 2011 年由瑞士 ILB - Helios 集团和北京中清研信息技术研究院共同出资成立。该基金主要为西部地区新能源和低碳经济产业发展提供支持。

近年来，我国绿色基金发展迅速。截至 2020 年，中国新增绿色基金数量 126 只，较 2019 年增长 16%。我国各级政府发起绿色发展基金也成为一种趋势。目前，我国绿色基金发展展现出巨大的市场爆发力。广东省、北京市、山东省等多个地区已纷纷建立绿色发展基金或环保基金，各地都在不断推动绿色基金发展的进程，以带动绿色投融资，这对地方政府投融资改革和协调绿色城镇化资金的筹措十分有利。此外，还有很多民间资本、国际组织等也纷纷参与设立绿色发展基金，PPP 模式的基金成为政府支持绿色发展的主要形式之一。

根据企查查数据，2021 年，中国绿色基金相关企业注册量位于前十的地区分别是广东省、北京市、山东省、湖北省、甘肃省、江苏省、贵州省、安徽省、浙江省、福建省、云南省，绿色基金相关企业注册量分别为 49 家、27 家、20 家、19 家、18 家、16 家、14 家、12 家、11 家、10 家、10 家。

绿色基金对低碳节能领域的投资有效助力了我国低碳发展目标的实现，投向低碳节能领域的绿色基金比例进一步扩大。根据中国证券投资基金业协会数据，2020 年，我国新成立备案的绿色基金投向生态环保领域数量为 38 只，占比约为 30%；投向低碳节能领域 86 只，占比约为 68%；投向循环经济领域 2 只，占比约为 2%。

虽然在政府大力支持和鼓励下，我国绿色基金取得快速发展，但是由于发展时间短，发展经验不足，我国绿色基金仍然存在法律和监管体制缺失、缺乏配套政策支持、信息披露程度不足、社会资本参与程度较低、管理人缺乏绿色基金管理经验等问题。针对中国绿色基金的现状和问题，我国应建立和完善绿色基金标准体系、健全绿色基金激励机制、加强绿色基金人才培养、完善绿色基金管理运行机制、构建绿色基金绩效评估机制及加强绿色基金人才培养，进一步推动绿色基金发展。

4. 衍生品

1996 年，美国的能源公司创新推出新型风险管理工具，即天气衍生品。天气衍生品是将自然灾害视作一种风险，采用金融工具的理念进行风险分散和转移的合约或者工具。天气衍生品起源于 1997—1998 年的厄尔尼诺对很多公司带来的损失，尤其是农产品行业损失惨重。1996 年和 1997

年，美国有三家能源企业开始使用天气风险管理工具，分别是 Aquila、Enron 和 Koch。随之，芝加哥商业交易所（CME）引入天气指数的期货和期权。

天气衍生品的交易指标是与天气相关的指数，如温度指数、降水量等。与其他交易指标相比，天气衍生品的交易指标更加客观，一定程度上规避了道德风险的发生。同时，指数等信息均为公开数据，也降低了衍生品合约的交易管理和经营成本。

国外天气衍生品市场较为发达，交易标的集中在温度、降水量和海浪等，单品范围囊括期货、期权、互换和套期保值等。

我国天气衍生品处于研发阶段，目前尚未开展标准化的天气衍生品交易。2002 年，我国开始组织人员到美国、日本考察天气衍生品市场，开启了对天气衍生品的研究。2021 年 6 月，郑州商品交易所已与国家气象信息中心签署战略合作框架协议，双方将全面启动天气指数编制与应用、天气衍生品研发上市。

（三）保险工具

海啸、地震、冰雹等极端的气候变化属于自然灾害风险。保险业受到这种极端气候变化的影响最大，同时保险公司也是最早进行气候变化应对的金融部门。全球气候变化增加了极端天气事件发生的频率，一定程度会降低保险标的的可保性。美国能源部劳伦斯伯克利国家实验室的 Evan Mills 将气候变化给保险带来的风险分为技术风险和市场风险两种风险。

技术风险是指气候变化和极端天气缩短了损失事件的间隔，改变了损失的绝对和相对变率，改变了损失事件的结构类型及空间分布；气候变化使得损失突变或呈现非线性变化，使损失同时在更广阔的地理范围内分布；气候变化即期和预期的影响还包括人群的发病率和死亡率、大面积农作物损失等。气候变化和极端天气使得基于以往历史数据而得的保险费率不再适用进而无法有效预见和满足由此导致的消费者需求变化；监管法规和制度的滞后性使得保险公司应对监管的风险也有所提高，这些归类于市场风险。

保险自身的风险分担机制和风险管理机制，使得保险在应对气候变化领域中将发挥重要的作用。一方面，保险为消费者长期福利和发展提供了保障；另一方面，保险在气象灾害损失时的数据积累为观察气候变化提供了可能，为解决气候变化所引起的一系列问题提供了途径。

绿色保险（如环境污染责任险）是与环境保护相关的保险工具，气候保险是与气候变化相关的保险工具，主要分为农业保险、天气指数保险、清洁技术保险和巨灾保险。

农业保险是专为农业生产者在从事种植业和养殖业生产过程中，对遭受自然灾害和意外事故所造成的经济损失提供保障的一种财产险。例如，非洲风险转移保险（HARITA）可在减缓气候变化风险的同时为农作物保险。

天气指数保险是指把一个或几个气候条件（气温、降水、风速等）对农作物损害程度指数化，每个指数都有对应的农作物产量和损益，保险合同以这种指数为基础，当指数达到一定水平并对农产品造成一定影响时，投保人就可以获得相应标准的赔偿。2007—2013 年，我国天气指数保险处于试点初期阶段，发展较为缓慢，从 2014 年开始进入快速发展阶段，各地区纷纷推出天气指数保险试点。截至 2021 年，中国已经相继推出近 50 种天气指数保险产品，承保范围从初期以降水和气温为主，逐渐扩大到台风、降雪以及多种气候风险的组合。截至 2017 年 2 月，我国天气指数保险试点产品近 30 种，涉及浙江、安徽、江西等 16 个地区，还有多地的天气指数保险正处于研发阶段。根据已有数据来看，各保险费率基本在 4% ~12%，多集中在 5% ~9%；各地政府大多为农户提供保费补贴，补贴比例在 40% ~100%。①

① 丁少群，罗婷．我国天气指数保险试点情况评析［J］．上海保险，2017（5）．

清洁技术保险的保险标的是清洁能源技术的产品。由于清洁能源技术尚未经过大规模的市场化验证，清洁能源技术相关的产品风险较高，需要通过合理的途径予以风险转移。例如，慕尼黑再保险对已经投保光伏组件产品制造商和规模大于20兆瓦的光伏发电厂提供保险。

巨灾保险是针对地震、火灾、飓风、洪水等重大灾害进行的保险。因为巨灾具有损失巨大和突发性等特点，保险公司很大可能在短时间内无法对巨灾保险进行理赔，因此解决好灾难发生时的赔付是关键。基于此，很多国家设立了再保险公司。2020年8月23日，中国农业再保险获批落地筹建。目前，我国的巨灾保险正处于初期试点阶段，几乎都是由政府推动建立，并使用财政资金向保险公司购买巨灾保险，一旦灾害发生并且灾害程度超过设定阈值之后，保险公司便将合同预先约定的赔款支付给政府，作为灾后救助资金使用。① 2014—2018年，我国巨灾保险的试点情况如表2-9所示。

表2-9　2014—2018年我国巨灾保险试点情况

试点地区	开始时间	开展公司	风险覆盖范围	保费（万元）	保额	理赔金额（万元）
深圳市	2014年	人保财险	暴风、暴雨、洪水、台风、冰雹	3 600	10万元/人	
宁波市	2014年	人保财险	暴风、暴雨、洪水、台风	3 800	60 000万元	
广东省	2016年	人保财险、平安财险、太平洋财险	台风、暴雨	30 000	234 700万元	
黑龙江省	2016年	阳光农业相互保险公司	干旱、低温、洪水	10 000	232 400万元	8 727.6
厦门市	2017年	人保财险、平安财险、太平洋财险、国寿财险、太平财险	台风、洪水	2 931	200 000万元	
上海市	2018年	太保财险、平安财险、人保财险	台风、暴雨、洪水	—	80万元/人	

资料来源：许光清，陈晓玉，刘海博，等．气候保险的概念，理论及在中国的发展建议［J］．气候变化研究进展，2020，16（3）．

① 牟宏霖．我国巨灾保险试点情况及发展策略［J］．银行家，2019，210（4）．

基于以上所述，金融机构也建立了相关的金融衍生品和潜在的碳保险产品。以巨灾保险为例，其衍生品涵盖巨灾债券、巨灾期货、巨灾权益卖权、巨灾风险互换和风险聚合组织。① 潜在的碳保险产品品种如表 2 - 10 所示。

表 2 - 10　　潜在的碳保险产品

产品	产品内容
突发碳排放量增加保险	当企业温室气体排放的仓库或交通工具发生突发事故时，往往会造成温室气体的意外高排放；在有排放限额的情况下，企业投保后，在发生保险事故时由保险公司对企业发生的外部性进行补偿
碳排放量年金式保险	企业在进行生产时，可从保险公司购买年金式的碳排放量产品，每年都可获得固定的排放额
碳捕集与封存（CCS）项目保险	主要包括综合责任保险和环境保险，综合责任保险对环境风险涵盖范围很小或没有，环境保险可提供多种保障，例如自然资源损失等

结合气候保险的发展，对于保险公司经营的气候保险监督与管理也不应忽视。同时，保监会可以进行一定程度的保险行业联合，通过保险的分级试行对经营气候保险的公司进行再保险，以保险的方式来分担气候保险的风险。

（四）碳金融工具

1997 年《京都议定书》的签订，对于 UNFCCC 附件一国家设置了具有法律约束力的减排指标，并设计了排放贸易机制（ET）、联合履约机制（JI）和清洁发展机制（CDM）三种灵活履约的市场机制，构成了国际碳市场碳排放贸易的基础。同时，《京都议定书》不仅使温室气体排放权成为一种稀缺资源，生成了碳排放权利的市场需求，还为碳市场的运作提供

① 风险聚合组织是指通过汇集成员的风险以一个相对较低的保费为成员国提供保险的组织。以加勒比巨灾风险保险基金（CCRIF）为例，这一聚合组织是为减轻加勒比地区 16 个国家（地区）因地震和飓风造成的金融影响而设立的公司伙伴关系，为因巨灾而遭遇困境的政府提供短期流动性（2 ~ 3 周）。

了基础性制度框架。

除了《京都议定书》创造的国际碳市场，部分国家和地区也建立了自己的排放交易体系（ETS）。目前主要的ETS包括欧盟碳交易体系（EU ETS）、新西兰碳交易体系（NZ ETS）、美国东北部区域温室气体计划（RGGI）和日本东京都总量限制交易体系（Tokyo ETS）。除此之外，我国的七个碳排放权交易试点①也于2013年陆续启动。大部分ETS与京都机制②建立了联系，允许企业使用部分京都单位，主要是CER和ERU③来进行履约，例如EU ETS允许企业用CER和ERU来完成一般的减排量。

基于此，目前碳金融工具是指在碳金融市场中可交易的金融资产。主要的碳金融工具包括各市场的配额（Allowance）和抵偿（Offset）信用的现货（Spot）和衍生产品（Derivatives）。例如，配额产品有AAU（Assigned Amount Unit）现货及其衍生品。抵偿信用产品有JI机制下的ERU现货和衍生品及CDM机制下的CER现货和衍生品。以欧洲为例，其主要交易的碳金融工具如表2－11所示。

表2－11　欧洲的主要碳交易所和碳金融工具

区域	名称	碳金融工具
欧洲	欧洲气候交易所（ECX）	欧盟排放配额（European Union Allowance，EUA）、ERU和CER类期货产品、期权产品；EUA和CER类现货产品、期货期权产品
	欧洲能源交易所（EEX）	电力现货、电力、EUAs
	北欧电力库（NP）	电力、EUA与CER类的现货、期货、远期、期权产品
	BlueNext交易所	EUA、CER、ERU类现货产品；EUA和CER类期货产品
	Climex交易所	EUAs、CERs、VERs、ERUs和AAUs

① 七个省市碳交易试点分别为北京市、上海市、天津市、重庆市、广东省、湖北省、深圳市。

② 京都机制包括联合履约机制、清洁发展机制和排放贸易机制。

③ ERU：减排单位（Emission Reduction Unit），是指基于联合国履约机制JI所签发的碳减排单位，每单位核证减排量相当于减排1吨二氧化碳当量（tCO_2e），可用于兑现附录I国家的减排承诺或者作为温室气体排放交易体系的交易单位，可在交易所二级市场中交易。履约主体是具有减排任务的发达国家。

在EUA、CER等交易标的的基础上衍生出许多期权期货等金融产品，表2-12列示了主要的期权期货产品。

表2-12　　　　主要的期权期货产品

产品	英文名称	特征
碳金融期权合约	ECX Options CFI	规定了在未来一定时期可以买卖碳金融工具的权利，是低成本的金融担保工具
碳排放配额期货	EUA Futures	规定在将来的某一时间和地点交个一定质量和数量的碳排放指标的标准化合约。采用集中买卖和公开竞价的方式进行
经核证的碳减排量期货	CER Futures	可用于规避CER价格大幅波动带来的风险
碳排放配额期权	EUA Options	赋予持有方或者卖方在期权到期日或者之前选择履行该合约的权利
核证减排量期权	CER Options	通过清洁发展机制获得的看涨或者看跌期权

碳金融工具分别在一级市场和二级市场进行交易。一级市场是发行的市场，即配额和减排信用产生的市场，既有现货的拍卖也有期货的拍卖。二级市场是转让的市场，是针对已经产生的碳配额或减排信用进行转让和流通的市场。衍生品市场是指针对期货、期权或者互换等衍生品进行交易的市场，其功能在于风险管理，并不必然发生实际交割。

我国的碳金融产品大体分为交易类工具、融资类工具、资产管理类工具和其他创新类，具体详见表2-13。

表2-13　　　　我国碳金融产品

类别	范围	作用
交易类工具	碳远期、碳期货、碳掉期、碳期权、碳资产证券化、碳指数化产品	锁定企业成本，对冲未来价格波动风险，提高市场流动性，强化价格发现功能
融资类工具	碳债券、碳基金、碳资产质押、碳资产信托、碳资产回购、碳资产租赁	拓宽企业融资渠道
资产管理类工具	借碳交易、碳资产托管、碳金融结构性存款、碳保险	盘活碳资产，挖掘价值，创造收益

我国的碳交易市场建设起始于区域碳市场的先行试点。自2011年国家发展改革委批准七省市开展碳排放权交易试点工作，2016年增加福建碳排放权试点，北京市、上海市、天津市、重庆市、湖北省、广东省、深圳市和福建省等八省市相继启动试点碳市场，为全国碳市场的建设与运行积累了宝贵经验。根据 Wind 数据，碳市场地方交易市场交易额普遍较小，2020年全年8个地区合计成交仅16.14亿元，除广东省、湖北省和天津市外，其他地方市场的成交额均不足亿元，具体详见图2－7。

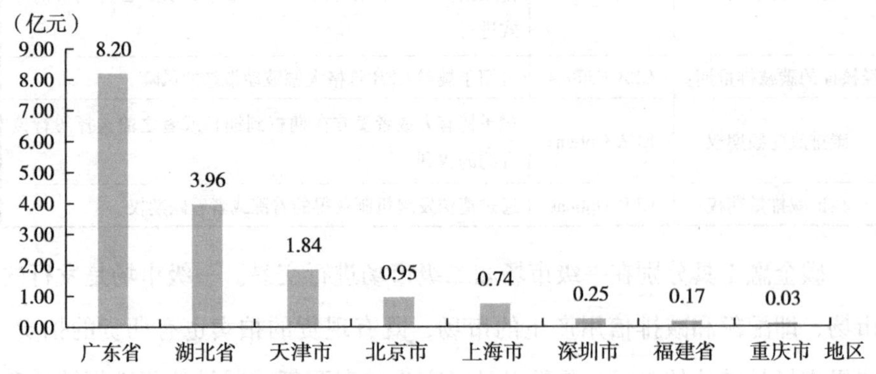

图2－7　2020年各地区碳市场总交易额

2021年7月，备受瞩目的全国碳排放权交易市场正式启动上线交易。作为全国碳排放权集中统一交易平台，该系统汇集所有全国碳排放权交易指令，统一配对成交。交易系统与全国碳排放权注册登记系统连接，由注册登记系统日终根据交易系统提供的成交结果办理配额和资金的清算交收。重点排放单位及其他交易主体通过交易客户端参与全国碳排放权交易。全国碳市场建设采用“双城”模式，即上海市负责交易系统建设，湖北省武汉市负责登记结算系统建设，其他联建地区自愿共同参与的方式。首批纳入碳市场覆盖的2 000多家重点排放企业均集中于发电行业，碳排放量总量超过40亿吨二氧化碳，这意味着中国的碳排放权交易市场已经成为全球覆盖温室气体排放量规模最大的碳市场。和欧盟相比，我国碳排放市场覆盖行业依然有限、碳价较低，未来发展空间巨大。

自碳交易试点市场建立以来，我国金融机构以碳配额为标的，相继开展了一系列的碳金融产品服务和探索，但是我国碳金融发展仍未形成规模，多数产品处于零星试点状态，市场化程度偏低，可复制性不强。

碳金融产品发展受阻的原因主要有以下几个：一是碳金融产品推广高度依赖碳交易现货市场的成熟度，而我国碳金融产品现货市场机制有待进一步完善；二是控排企业主要以履约为主，投资和管理碳资产的意愿和动力不足；三是碳排放资产的法律属性界定不明确，在一定程度上制约了碳融资类业务的发展。

二、气候投融资工具和模式创新案例

为了更好地认识、理解和应用气候投融资工具，本节有针对性地阐述相关案例。

（一）气候信贷工具案例——昆仑银行“可再生能源补贴确权贷款”

1. 项目背景

新疆维吾尔自治区是我国重要的能源基地，具有丰富的风能、光能和光热资源优势。中国人民银行克拉玛依市中心支行积极落实“双碳”发展战略，为支持风电、光伏发电等行业的有序发展，推动可再生能源补贴确权贷款落地，克拉玛依市中心支行指导昆仑银行在新疆绿金试验区首创“补贴确权贷款”，为可再生能源企业稳健经营提供必要支撑。与此同时，克拉玛依市中心支行实地走访有发展前景的可再生能源企业，制定《绿色能源补贴贷款融资服务方案》，开发补贴确权贷款，最高按照企业应收未收财政补贴资金90%给予流动资金贷款，解决了企业项目建设期提供固定资产抵押、电费收费权质押后再融资难题。

2. 项目气候投融资工具或模式

（1）“可再生能源补贴确权贷款”简介

“可再生能源补贴确权贷款”是以清洁能源发电企业纳入国家财政及相关部门审核公布的电价补贴清单为条件，按照已确权应收未收的财政补贴资金额度来确定贷款额度，为符合条件的可再生能源发电企业提供资金周转的流动资金贷款的创新信贷产品。

可再生能源补贴确权贷款是以风力发电、光伏发电企业的已确权应收未收财政补贴资金为依据，为企业提供的3年期流动资金贷款，用于企业日常经营中的资金周转。2021年2月，国家发展改革委、财政部、中国人民银行、银保监会、国家能源局五部委联合发文要求加大金融支持力度，按照市场化、法治化原则自主发放补贴确权贷款，缓解部分可再生能源企业资金缺口，促进风电和光伏发电等行业健康有序发展。中国银行随即制定并出台了《中国银行可再生能源补贴确权融资业务指引》及相关配套政策，加大对可再生能源企业的支持力度。①

（2）“可再生能源补贴确权贷款”亮点

补贴确权贷款是国家政策层面专门针对可再生能源发电项目补贴缺口大、拖欠时间长等问题，帮助企业盘活应收账款流动性而推出的一种贷款模式，即企业通过已确权应收未收的财政补贴资金可向银行申请信贷支持。

补贴确权贷款的利息由贷款的可再生能源企业自行承担。为缓解企业承担的利息成本压力，国家相关部门研究以企业备案的贷款合同等材料为

① 世经研究. 可再生能源补贴确权贷款业务发展研究［EB/OL］. https://www.sohu.com/a/494668222_530801.

依据，以已确权应收未收财政补贴、贷款金额、贷款利率等信息为参考，向企业核发相应规模的绿色电力证书，允许企业通过指标交易市场进行买卖。指标交易市场的收益大于利息支出的部分，作为企业的合理收益留存企业。

（3）模式或工具取得成效

2021 年，昆仑银行成功发放 1 年期“可再生能源补贴确权贷款”8 000万元，为新能源企业经济低碳转型发展注入“金融力量”，缓解了可再生能源补贴到位滞后影响企业生产经营问题。该笔贷款为企业节省财务费用48 万元，可支持企业为电网节约标准煤约 10. 5 万吨，减轻排放温室效应气体二氧化碳约 18. 7 万吨，减少排放大气污染气体硫氧化物 765. 9 吨、氮氧化物约 1 044. 9 吨。

“可再生能源补贴确权贷款”丰富了新疆维吾尔自治区绿色金融产品种类，为清洁能源企业稳健经营提供必要支撑，有助于推动新疆维吾尔自治区清洁能源发电规模化、集约化发展，支持构建以新能源为主体的新型电力系统。

（4）推广建议

第一，优先发放补贴和进一步加大信贷支持力度。企业结合实际情况自愿选择是否主动转为平价项目。对于自愿转为平价项目的，银行可优先拨付资金，贷款额度和贷款利率可自主协商确定。

第二，按照市场化、法治化原则自主发放补贴确权贷款。对于已纳入补贴清单的可再生能源项目所在企业，对已确权应收未收的财政补贴资金，可申请补贴确权贷款。商业银行应以审核公布的补贴清单和企业应收未收补贴证明材料等为增信手段，按照市场化、法治化原则，以企业已确权应收未收的财政补贴资金为上限自主确定贷款金额。申请贷款时，企业需提供确权证明等材料作为凭证和抵押依据。

第三，对补贴确权贷款给予合理支持。商业银行等金融机构均可在依法合规前提下向具备条件的可再生能源企业在规定的额度内发放补贴确权贷款，鼓励可再生能源企业优先与既有开户银行沟通合作。相关可再生能源企业结合自身情况和资金压力自行确定是否申请补贴确权贷款，相关银行可根据与可再生能源企业沟通情况和风险评估等自行确定是否发放补贴确权贷款。贷款金额、贷款年限、贷款利率等均由双方自主协商。

第四，按照商业化原则与可再生能源企业协商展期或续贷。对短期偿付压力较大但未来有发展前景的可再生能源企业，银行等金融机构可以按照风险可控原则，在银企双方自主协商的基础上，根据项目实际和预期现金流，予以贷款展期、续贷或调整还款进度和期限等安排。

第五，增强责任意识。商业银行等金融机构要增强责任意识，帮助企业解决问题，有效化解金融安全风险。在等比例拨付的原则下，除了优先拨付补贴的项目外，大多数项目拖欠部分补贴资金具有普遍性，但随着新增项目达到补贴年限后逐步退出等，企业可以逐步获得欠补资金，因此欠补资金的金额是确定的，资金来源是有保障的，获得资金的时间是可预期的，银行在进行风险评估和确定贷款条件时，可充分考虑这些因素，予以合理支持。

（二）气候证券工具案例

1. 气候证券工具案例——深圳证券交易所首批“碳中和债”

（1）项目背景

发展绿色金融是广东省“十四五”规划的一项重要内容。2021 年 10 月，《中共中央　国务院关于完整准确全面贯彻新发展理念做好碳达峰碳中和工作的意见》发布。实现碳达峰、碳中和是以习近平同志为核心的党中央统筹国内国际两个大局作出的重大战略决策。因此，要积极发展绿色金融，扩大绿色债券规模。2021 年，广东省全省绿色信贷余额、绿色债券余额分别为 1.43 万亿元、2 305 亿元，同比增长均为 45.8%。绿色金融创新实现多个全国首创。

（2）项目气候投融资工具或模式

（a）碳中和债简介

碳中和债是银行间交易商协会基于当前碳达峰、碳中和绿色发展新阶段的大背景下探索推出的银行间市场债务融资工具，相关业务标准和认证流程主要参考《绿色产业指导目录（2019 年版）》《绿色债券支持项目目录（2021 年版）》"绿色债券原则"等国内国际标准和政策框架要求。碳中和债是绿色金融债务融资工具的子品种，募集资金专项用于具有碳减排效益的绿色项目的债务融资工具。

2022 年 3 月，万联证券独家主承销并担任受托管理人的"知识城（广州）投资集团有限公司 2022 年面向专业投资者公开发行碳中和绿色公司债券（第一期）"在深圳证券交易所成功发行，规模 5 亿元，期限 3 +2 年，信用评级 AAA，票面利率 3.09%，创全国同期限碳中和公司债券利率新低。碳中和绿色公司债券（第一期）是广州市首单碳中和绿色公司债券，获得投资者高度认可，全场认购倍数达 3.78 倍。

（b）碳中和债创新亮点

对金融机构而言，国内绿色债券市场将丰富投资者组合，且随着国内绿色债券市场深度与广度不断增强，将吸引全球投资者广泛参与。

对企业而言，碳中和债创新发展推动绿色债券市场发展，拓宽企业绿色项目融资渠道，并降低企业融资成本，对企业形成正向激励，推动绿色项目的可持续发展。

对政府而言，相关政策支持资金起到了"四两拨千斤"效果，可以引导更多社会闲置资金参与绿色项目。

（3）模式或工具取得成效

碳中和绿色公司债券（第一期）的募投项目为三星级绿色建筑，属于

"可持续建筑类"碳中和项目，符合交易所碳中和债券的标准。根据第三方绿色评估机构测算，该募投项目可实现每年节约标准煤约770.87吨、减排二氧化硫约0.47吨、减排氮氧化合物NO_x约0.49吨、减排烟尘约0.10吨、减排二氧化碳约1 703.62吨，具有良好的碳减排效益。

碳中和债券不仅有助于进一步拓宽低碳项目发行人融资渠道，而且有助于引导更多金融资源配置到绿色低碳领域，对于债券市场服务绿色低碳转型具有重要意义，为绿色金融、低碳发展提供新的动力。全国首批碳中和债的发行，将对投融资机构、授信受信双方、绿色金融产品配置等产生引导性和示范性效应。因此，基于以上所述，应该进一步明确碳中和项目边界，完善绿色金融标准，加强国际合作，推动中欧可持续金融标准的一致化。同时，要加强信息披露要求，尤其是与投资项目碳排放相关的信息和金融机构的碳足迹。在首批碳中和债的基础上，加快其他领域与降低碳足迹相关的金融产品创新，支持实体经济实现碳达峰、碳中和目标。

2. 气候证券工具案例——山东绿色发展基金

（1）项目背景

2018年1月，国务院正式批复了《山东新旧动能转换综合试验区建设总体方案》。随后，山东省出台了具体的实施意见、实施规划，其中实施规划明确提出积极争取利用国际组织贷款，设立绿色发展基金。为贯彻落实国家和山东省的战略部署，促进全省新旧动能转换重大工程实施，山东发展投资集团创新运用国际金融组织资金，发起设立山东绿色发展基金。目前，此项工作与相关国际金融组织已达成共识。

（2）项目气候投融资工具或模式

（a）山东绿色发展基金介绍

2019年，由亚洲开发银行发起，亚洲开发银行、绿色气候基金和山东省政府联合出资，设立山东绿色发展基金。这一基金75%的资金将用于气候变化减缓项目，其余25%用于气候变化适应项目。到2027年，基金下的项目预计每年将减少250万吨的碳排放量，并直接帮助山东省至少200万人提高气候适应性。

山东绿色发展基金总规模100亿元人民币，一期规模17亿元。其中，利用亚行贷款1亿美元等值欧元，由财政部代表国家统一筹借、省财政厅提供担保的主权外债，期限为20年（宽限期为15年），这也成为全国首只在省级层面利用国际金融组织贷款设立的绿色基金。

山东绿色发展基金由山东发展投资控股集团携手专业基金管理机构中金资本管理有限公司负责运营，将优先投向可再生能源生产、绿色建筑和低碳交通行业，以解决山东省温室气体排放的主要来源问题，在气候适应方面重点关注灌溉、城市综合水资源管理和沿海地区保护等领域。

（b）山东绿色发展基金创新亮点

一是绿色金融领域首创。这是全国首只在省级层面利用国际金融组织贷款设立的绿色基金，也是亚洲开发银行在绿色金融领域的首次尝试。

二是模式机制创新。基金设立遵循“绿色、环保、低碳”原则，金融工具与绿色发展有机结合，是国内首只达到国际领先绿色标准的基金产品。

三是贷款宽限期长。较其他贷款5~6年宽限期相比，该项目宽限期大幅延长，有利于发挥资金的最大效益，有效减轻前期还款压力。

四是贷款利率低。项目选择以欧元代替美元作为贷款币种，可规避美元融资成本上升等不利因素影响，节约贷款成本，降低偿债风险。

（3）模式或工具取得成效

目前，绿色发展的若干领域技术不够成熟、投资回报低，资金成为制约发展的重要因素。山东绿色发展基金的设立，实现了金融工具与绿色发展有机结合，该项目宽限期大幅延长，有利于发挥资金的最大效益，支持山东省积极的气候政策日标。

山东绿色发展基金创新了国际金融组织资金利用方式，将以直接投资和子基金投资的方式，重点投向节能减排、环境保护与治理、清洁能源、循环经济、绿色制造等领域。预计在项目实施期内可减少二氧化碳排放约2 500万吨，使约1 000 万人直接或间接受益。

山东绿色发展基金项目计划投向省内碳排放量较大、协同效应较强、技术较为成熟、效益较为稳定或能显著提高城市和人群的适应变化能力的项目。预计项目实施期内，将有效减少二氧化碳排放约 3 750 万吨，使约750 万人受益。

（4）项目的作用及其意义

（a）加强规划制度建设

加快出台《山东省绿色金融发展实施意见》，为山东省发展绿色金融提供顶层设计和政策支持，在全省形成适合绿色项目和绿色企业发展的政策制度环境。顶层设计应充分考量山东省绿色经济发展的总体趋势和阶段性特征，定位明确、发挥优势，做好构建绿色金融体系的短中长期规划衔接，分阶段、分层次、分步骤推进构建与地方经济和金融相适应的区域性绿色金融体系，以更好地满足绿色经济不同发展时期的融资需求。

（b）加大金融创新力度

大力推动绿色信贷产品创新。以扩大绿色信贷规模为切入点，在着力扩大绿色信贷规模的基础上，推动绿色金融创新。引导和鼓励银行设立绿色信贷专营机构，建立完善绿色信贷专营机制，安排绿色信贷专项规模，对绿色信贷项目优先审批；在财务资源等方面作出专项安排，用于支持绿色金融业务发展。鼓励金融机构结合绿色企业的特点开发相应的绿色金融产品。

（c）构建政策支持体系

加大政策引导和支持。充分运用再贷款、再贴现等货币政策工具引导金融资源流向绿色产业，将绿色债券、绿色贷款纳入中国人民银行合格担保品范围。探索对银行业法人金融机构开展绿色信贷业绩评价。

（d）完善风险防控机制

一是建立健全绿色金融风险预警机制。要把绿色金融风险监测预警纳入系统性金融风险监测预警体系，前瞻性地提升绿色金融风险管理和防控能力。二是加强数据库建设。推动与企业环境风险相关的环境事件和损失金额的数据库建设，打造统一的环境风险数据库，鼓励金融机构在数据共享的基础上开展环境风险压力测试，并将压力测试逐步应用于银行信贷评估。

（三）气候保险工具案例——瑞士再保险的碳移除保险方案

1. 碳移除解决方案现状

当前，碳移除解决方案面临的主要障碍是缺乏商业案例。在没有费用和政策授权的情况下，企业几乎没有动力去主动削减碳排放量，更不用说碳捕集和碳储存。

成本最低的碳移除方法是在森林、湿地、海洋和土壤中进行碳封存。如果执行得当，这些基于自然的碳移除方案可以实现多个可持续发展目标，包括适应气候变化和保护生态系统以及生物多样性的完整性。然而，基于自然的碳移除方案很容易因火灾和洪水等灾难事件和/或人为威胁而产生碳逆转。相比自然碳汇，碳移除的技术解决方案虽然面临着较高成本，但其碳存储逆转的风险较低。

2. 碳移除保险

（1）已投保的保险

传统财产保险包括财产价值和业务中断保险。主要承保火灾、爆炸、恶意破坏、罢工，以及自然灾害（如洪水、风暴、冰雹和地震）风险。

意外伤害险包括一般的第三方责任险和产品责任险、雇主责任险、职业责任险、环境责任险。

特种保险（传统与非传统）主要承包海运、工程、农业（林业、农作物）、政治、网络、信贷与担保品风险。

碳移除价值链有四个关键环节，分别为：从空气中捕获二氧化碳、加工、运输、储存。每个环节的不同阶段都存在相应的保险机会，其中包含承保人已经熟悉的风险池。对碳移除价值链每个阶段的预先了解有助于碳移除价值链保险产品的进一步发展。

例如，苏黎世保险公司正在研发某种产品，即领导一个工作组来构思一种保险产品，以涵盖与CCS相关的物理和法律风险，为英国的CCS试点和示范项目打包现有的财产和意外保险产品。鉴于CCS和碳移除价值链之间有显著的重叠，这将为碳移除保险提供更广泛的经验。

（2）存在较大挑战的承保领域

由于缺乏完善的业绩数据、良好的风险监测模型以及对受损历史了解不足，保险公司无法对碳移除项目建立有效的损失预期。此外，价值链的复杂性和相互依存性对碳移除项目的保险带来另外一个挑战，特别是对于混合和技术解决方案而言。其中一个链节的性能不佳或故障（例如，压缩机单元故障、运输能力不足、喷射泵安全关闭等）将导致上游和下游的保险服务中断。

（3）不可承保的风险

当前，由于许多碳移除项目损失的不可预测性，保险企业并不愿意承担碳移除项目的长期风险。与地质二氧化碳封存相关的“某些责任的不可保险性”一直被认为是应用CCS技术的“物质障碍”。这种风险包括野火摧毁造林项目，农场的新主人放弃了碳封存的土地使用方法，以及地质储水库的泄漏等事件。

3. 作为保险机制的碳证书

在碳移除的背景下，碳证书是对 1 吨二氧化碳已从大气中去除并永久储存的一个证明。自愿减排买家可以通过购买碳移除证书来进行净零声明（零碳飞行、个人碳足迹、自有业务、城市等），从而平衡其剩余排放量。

若碳排放发生了逆转，保险机构可以取消买家碳移除证书以及相关的气候声明。风险价值以当前替换丢失证书的市场成本价格给出。由于市场波动，替换证书的售价可能比最初支付的价格高得多。作为一种补救措施，买方可以要求卖方通过某种产品责任保险来保护证书的有效性，其涵盖的产品是卖方以证书的形式提供负责排放服务。买方还可以通过自行投标和购买此类证书保险的方式来更好地控制和保护其净零索赔的完整性。

4. 保险与再保险行业在碳移除行业中扮演的角色

再保险行业可以通过以下三种方式协助扩大碳移除行业的规模。

首先，再保险公司可以在发生不利事件时向保险公司提供损失补偿来提高碳移除项目的银行可担保性。标准的财产保险，包括自然灾害造成的损失，可以涵盖技术基础设施和自然资产，如森林。

其次，作为机构投资者，再保险公司可以为碳移除项目和基础设施提供资金。碳移除项目作为一个长期的投资机会，再保险公司可以通过项目平衡公司的长期负债，并合理地开展净零排放资产组合策略。

最后，再保险公司/保险公司可以成为碳移除证书的早期买家，以平衡公司的运营足迹，追求净零排放。通过签订长期承购协议并保证未来的收入，再保险公司可以成为碳移除行业的强大合作伙伴，同时还可以拓宽其获得新的风险池和资产类别的途径。

（四）碳金融工具案例——上海碳配额远期

上海碳配额远期是以上海碳排放配额为标的、以人民币计价和交易的，在约定的未来某一日期清算、结算的远期协议。上海环境能源交易所为上海碳配额远期提供交易平台，组织报价和交易；上海清算所为上海碳配额远期交易提供中央对手清算服务，进行合约替代并承担担保履约的责任。协议要素见表2－14。

表2－14　上海碳配额远期协议要素

产品种类	人民币碳配额远期
协议名称	上海碳配额远期协议
协议简称	SHEAF
协议规模	100 吨/个
报价单位	元人民币／吨
最低价格波幅	0.01 元／吨
协议数量	Y 个
协议期限	当月起，未来1年的2月、5月、8月、11月月度协议
成交数据接收时间	交易日 10：30 至 15：00（北京时间）
最后交易日	到期月倒数第5个工作日
最终结算日	最后交易日后第1个工作日
每日结算价格	上海清算所发布的远期价格
最终结算价格	最后5个交易日日终结算价格的算术平均值
交割方式	实物交割/现金交割
交割品种	可用于到期月协议所在碳配额清缴周期清缴的碳配额

交易参与人即机构投资者，包括控排企业、金融机构、碳资产管理公司等。

交易方式指采用询价交易方式。交易双方自行协商确定产品、交易价格和交易数量的交易方式。

保证金指交易参与人在报价前应在上海清算所清算会员开立的保证金账户中足额缴纳保证金。

这种方式的优势主要体现在以下方面：在市场制度和相关政策平稳可期的前提下，碳远期能够将现货的单一价格，拓展为一条由不同交割月份的远期合约构成的价格曲线，揭示市场对未来价格的预期；降低交易的资金占用，对于提高碳市场交易活跃度、增强市场流动性起到了重要的作用；为市场主体提供了对冲价格风险的工具，便于企业更好地管理碳资产风险敞口，也为金融机构参与碳市场，开发更加丰富的碳金融产品以及涉碳碳金融服务创造条件。

截至2022年7月21日，上海碳市场配额及中国核证减排量现货品种累计成交量超过2.2亿吨，累计成交金额超过32亿元，碳配额远期产品累计成交数量超过400万吨。

上海环交所推出的碳配额远期产品为标准化协议，采取线上交易，并且采用了由上海清算所进行中央对手清算的方式，其形式和功能十分接近期货，能够有效地帮助市场参与者规避风险，也能在一定程度上发出碳价格信号。

（五）创新气候投融资工具案例——柯城区“一村万树”绿色期权

1. 项目概述

为解决乡村较为突出的村庄缺绿、村貌缺美、特色缺位“三个缺乏”问题，并以此作为乡村振兴的切入点、撬动点，2017年，柯城区启动“一村万树”行动，编制了《“一村万树”全域绿化规划》《“一村万树”建设总体规划》，确定石梁镇中央方村等6个村为先行示范村，6个村各投入专项扶持资金100万元以上，探索绿色期权，促进乡村振兴，创建新时代美丽乡村示范区。柯城区的新型乡村绿化美化模式，就是利用农村的边角地、废弃地、荒山地、拆违地、庭院地“五块地”，一个村种植一种适合本地的珍贵树、经济树、彩色树，实现村均种植规模达到1万棵或户均10棵以上。柯城区共有173个行政村，到2020年3月6日，全区已在112个行政村实施这一绿化行动，累计种植各类珍贵树、经济树、彩色树103万株，盘活土地1万余亩。

随着“一村万树”行动推开，柯城区鼓励采取自种、流转、入股、合作等方式，探索出“民办公助”“股份合作”“村企联合”和“公司＋农户”四种模式。

模式一：“民办公助”。由林业部门或村集体提供苗木和技术指导，农户可在闲置地上自种、自养、自销，未来收益归农户所有；或者将闲置地统一流转给村集体，由村集体代种、代养、代销，未来收益农户与村集体按约定比例分成。比如石梁镇双溪村，区里为该村提供了8 000株浙江楠、1万余株杨梅苗木，由农民自已种植管理，收益归农民。

模式二：“股份合作”。农户以闲置地、抛荒地入股，由村集体或村旅游开发公司组织统一种植、统一管理、统一营销，未来收益按照入股土地面积或种植数量进行分红。比如沟溪乡直力村，由村集体和农户开展合作，农民提供土地入股，村里采购香榧苗木，村统一种植管理，收益的65%归村集体，余下的35%归农户。

模式三：“村企联合”。针对靠近园区、厂区的村庄，由农户或村集体提供闲置地，由园林公司或企业后勤服务公司提供“种养销一条龙”服务，未来收益农户（或村集体）与企业按8:2的比例进行分成。比如，衢化街道上祝村、缸窑村分别与巨化集团公司下属的兴化公司、杭州兰天园林生态科技股份有限公司进行合作，按比例分苗木销售的收益。

模式四：“公司＋农户”。由公司负责提供苗木、种植技术，农户提供种植所需的土地以及负责后期的养护，苗木成熟后返销给企业。比如，沟溪乡五十都村种植金钱柳，由村集体控股、村民入股成立的衢州市点街农业发展有限责任公司进行运营，产生收益后，村集体与有股份的村民按51:49的比例进行分红。

2. 项目气候投融资工具或模式

“一村万树”绿色期权，即企业、机关事业单位及社会团体，可付费认购“资产包”，每份含有 100 株珍贵彩色树木，3 万元认购 5 年周期，5 万元认购 10 年周期，到期后获得 50 株树木的处置权。家庭和个人及特定群体也可以认购“个性定制”绿色期权：以 1 株珍贵彩色树木为单位，5 年认购期费用 500 元，到期后可交割、转让、捐赠等。

2019 年 3 月，柯城区举办“一村万树”绿色期权产品发布会，区内外 58 家企业、商会、金融企业和个人与相关行政村签订绿色期权认购协议。同时，建立“一村万树”绿色发展基金，统筹用于推动“一村万树”相关工作。

2019 年 10 月，柯城区与中国人保公司合作，推出全省第一份“一村万树”绿色保险，投保石梁镇中央方村等 34 个村珍贵彩色树约 4. 66 万株，保险金额达 668. 2 万元。此为“一村万树”项目配套的林业特色保险，凡是列入“一村万树”树种目录且生长和管理正常的生态商品林均可作为保险标的，这既有效防范“一村万树”中面临的自然灾害等风险，又提高了“绿色期权”投资人的积极性。

3. 模式或工具取得的成效

2019 年，有 185 家企业认购柯城区“一村万树”绿色期权资产包 256 个，600 多位个人认购“一村万树”绿色期权单位 1 478 个，总认购资金超过 1 000 万元。这一做法成功融合工商资本参与“一村万树”建设，有效打通了资源、资产、资金的转换通道，为乡村振兴增添了新活力。

“一村万树”行动开展后，前昏村 120 余户农户拿出自家闲置地入股，种下了 1 万余株海棠树和苦丁茶树，过去的凌乱村庄变成了现在的美丽花园，并在 2017 年被评为“浙江省森林村庄”。与其他新农村建设项目少则几百万元，动辄上千万元的投入相比，“一村万树”迸发出“小投入、大产出”的乘数效应，更具生态价值，也更具经济产值。

第三章　气候资金统计报告方法

在界定了气候投融资概念和介绍了气候投融资工具之后，有必要深入和系统地梳理我国的气候资金报告体系。气候投融资交易的对象是资金，清晰合理的气候资金报告体系是分析气候资金情况的基础。然而，现阶段我国气候资金统计报告体系尚不完善，缺少气候资金统计报告的框架和方法，也并未系统开展气候资金统计报告工作，未能有效追踪气候资金现状，不利于匹配碳中和目标气候资金需求。

本章基于资金的需求方和供给方解析我国气候资金的构成，通过追踪国内气候资金的来源、规模及主要流向的基本情况，形成气候资金统计报告框架，以期为相关气候投融资政策的制定，引导境内外资金支持中国气候项目提供支撑。

一、资金需求方的分析口径、报告现状和方法

李碧浩等（2017）[①] 采用 CFDAM 方法测算了我国气候资金需求量。测算结果显示我国气候资金需求量的演变主要经历三个阶段；2020 年之前为第一个阶段，预计每年资金需求增速超过 4%，2020 年增大到资金需求

① 李碧浩，陈波，黄蓓佳，等．基于 CFDAM 模型的中国气候资金需求分析［J］．复旦学报：自然科学版，2017，56（5）．

的峰值25 600亿元人民币，相当于当年GDP的1.79%；2020—2030年为第二阶段，资金需求相对稳定，每年稳定在25 000亿元人民币左右，2030年资金需求为25 200亿元人民币，相当于当年GDP的1.8%；2030—2050年为第三阶段，该阶段资金需求将快速下降，2050年资金总需求降为约15 000亿元人民币。

也有学者认为，2016—2030年我国实现国家自主贡献的总资金需求规模约为55.95万亿元，平均每年3.73万亿元左右，相当于2016年固定资产投资总额（59.65万亿元）的6.3%。同时，随着减缓气候变化力度的提高和面临的气候变化风险不断增加，年均应对气候变化资金需求呈现加速增长态势，将从"十三五"时期的年均约2.93万亿元，上升到"十四五"时期的约3.76万亿元和"十五五"时期的约4.49万亿元。①

（一）资金需求方的分析口径

资金的需求方是指实际接收气候资金，并将其用于减缓或适应等与应对气候变化相关领域的主体。相较于气候投融资中涉及的其他主体，气候资金需求方与气候项目直接相关，作为气候项目的主要设计者与直接参与者，统计其资金使用情况有助于了解我国应对气候变化的资金缺口，明确气候投融资的未来方向。因此，从资金接收主体对我国气候资金信息的披露和统计现状进行分析非常重要。

现有的气候资金统计报告中基于资金需求方角度的研究多是基于资金使用领域或资金使用部门。国际上，气候政策倡议组织（Climate Policy Initiative，CPI）在开展气候资金统计工作时，通常基于"减缓"或"适应"的角度对气候资金的使用进行追踪，在部分国别案例中也从行业层面统计

① 柴麒敏，傅莎，温新元，等．中国实施2030年应对气候变化国家自主贡献的资金需求研究［J］．中国人口·资源与环境，2019，29（4）．

气候资金的使用情况，几乎很少按照主体对气候资金的使用进行分类。①类似地，《联合国气候变化框架公约》的气候资金统计报告中同样只追踪了气候资金的使用领域。欧洲地中海联盟的气候资金研究报告为探究各成员国的气候资金使用情况，将不同国家作为气候资金的接收主体，但未细化到具体使用方。在国内，国家应对气候变化战略研究和国际合作中心、中央财经大学气候与能源金融研究中心同样仅从"减缓"与"适应"的角度分析了我国气候资金的使用情况，没有考虑资金使用的具体主体。但是，应对气候变化不仅需要政府部门的战略部署，更需要调动各类经济主体的力量，因此从各主体分析气候资金的使用情况对于明确气候投融资未来的方向具有重要意义。此外，同时从资金接收方与供给方统计数据，有助于实现数据间的交叉检查，资金追踪的结果也更具科学性和准确性。

在传统的宏观经济学研究中，通常将经济活动主体划分为企业、家庭、政府及外国购买者 4 类主体。这 4 类主体的消费或投资行为，基本覆盖了整个宏观经济运行中的绝大多数活动。在气候领域，气候投融资作为支撑应对气候变化、推动社会低碳转型的工具，已经成为国家战略部署和政策行动的重要组成部分，在社会经济运行中占据着愈加重要的位置。因此，基于上述 4 类主体分析气候资金接收方的资金支出及信息披露情况。具体来说，企业作为应对气候变化的主力军，也是气候资金使用方的重要主体，主要通过气候项目投资、低碳技术研发、生产线或者办公设施的节能改造使用气候资金，其支出的气候资金占我国气候资金使用的绝大多数。与企业不同，家庭及个人的气候资金支出集中在消费领域，主要包括新能源汽车、绿色住宅及节能家电等。一方面，这些产品全生命周期中的温室气体排放远低于传统汽车、住宅和家电，属于气候资金支出的领域；

① CPI. South African Climate Finance Landscape [EB/OL]. https://www.climatepolicyinitiative.org/wp-content/uploads/2021/01/South-African-Climate-Finance-Landscape-January-2021.pdf.

另一方面，在国家政策的扶持下上述产品的销售量迅速增长，在居民的气候消费支出中占据较大的比例，因此统计上述领域的消费金额作为家庭及个人的气候资金支出具有一定的科学性。政府部门不仅是气候投融资政策的制定者，也是气候投融资活动的参与者，其主要通过参与低碳技术研发和办公设施节能改造直接参与气候投资项目。伴随着“一带一路”建设及“南南合作”的推进，我国在境外开展了诸多的气候援助与投资项目，境外主体也逐渐成为我国气候资金的重要接收主体。

（二）资金需求方的统计报告现状

1. 企业气候资金统计报告现状

企业气候资金主要包括企业在气候项目投资、生产线和办公设施节能改造及低碳研发等方面的支出。随着“双碳”目标的提出以及绿色发展理念的深入人心，企业生产带来的环境问题已经成为公众、金融机构和政府关注的重要问题。企业需要通过披露与环境保护和碳排放相关的信息，展示自身减排的努力，建立良好的企业形象，以获得更多的资金支持。但是，我国企业气候资金披露工作仍处于起步阶段，目前尚缺乏统一的披露标准与平台。

（1）上市企业气候资金披露状况

上市企业气候资金的统计主要基于企业自身的财会体系，通过企业年报和社会责任报告进行披露，部分商业数据库也统计了 A 股上市企业的环保投资情况。

一是企业年报。部分企业年报中会披露上市公司的环保投资金额，既包括气候投资金额，也包括其他环境保护投资金额。主要有以下两条渠道：第一是在企业年报的“环境社会责任”部分直接披露企业的环保投资总金额。第二是在企业年报的“会计报表附注”部分披露在建工程、管理费用、研发费用、政府补助等资金的具体使用项目与金额，可以结合气候资金的范畴汇总整理气候资金投入。但是，由于企业资金披露的非强制性以及资金统计的困难性，只有少部分企业主动披露且只披露了环保投资总额，且并未单独设置气候资金专项科目，在资金统计的具体工作中需要与企业联系取得数据。

二是企业社会责任报告。部分企业在《环境、社会及治理报告》《可持续发展报告》《环境报告书》等社会责任报告中的“环境”板块中也会披露企业的环保投资情况。但是，企业通过社会责任报告披露气候资金的披露比例较低。据统计，港交所上市的所有中国企业中仅有不到10%直接披露了环保投资金额，并且已有的披露口径并未设置气候资金披露专项。

除上述两条企业自主的披露途径外，国泰安数据库等商业数据库通过翻阅企业的年报、社会责任报告，也收集整理了我国A股上市企业2008—2021年的4 900多条环保投资数据。但上述数据的短缺问题较为严重，每年只有400条左右，不到我国境内已上市企业的10%。

(2) 非上市企业气候资金披露状况

与上市企业类似，非上市企业的气候资金披露途径也主要有企业年报和社会责任报告书两类。

一是企业年报。非上市企业年报的“环境社会责任”和“会计报表附注”板块中会涉及环保投资数据，但其年报通常不对外公开，需要与相关企业接触获得，并且也存在披露率低、不设置气候资金专项数据的问题。

二是企业社会责任报告。在社会责任报告的环境治理板块，非上市企业中的部分企业会披露环保投资的情况，但是其发布社会责任报告的比例要远低于上市企业，2020年仅有240家左右的非上市公司发布了社会责任报告，已发布的社会责任报告可以在企业的官网获取。

除上述两类主体的资金披露，在某些环保管制或项目要求等特殊情况下，企业需要强制披露有关环保资金的信息。针对列入强制性清洁生产审核名单的几千家企业，在其编制的《强制性清洁生产审核评估与验收报告》中会披露清洁生产的投资总额及具体改造事项的投资额，可以从中确定企业的气候投资情况。上述报告可在地方的生态环境局官网公开获得。此外，企业参与的政府和社会资本合作（PPP）项目要求披露项目参与主体的出资情况，可以从能源、环保、林业及水利建设的项目中获取企业气候项目投资情况。PPP 项目的具体情况可从政府和社会资本合作中心网站获得。

2. 家庭和个人气候资金统计报告现状

家庭或个人应对气候变化领域的资金需求现状是气候资金追踪工作的重要目标之一。由于个人及家庭信息披露涉及个人隐私等敏感信息，其气候资金需求信息披露不受法律法规强制，因此确切的数据只能通过家庭及个人消费产品的统计端来获取。具体来说，当前家庭和个人在应对气候变化领域的消费产品主要集中在三部分：新能源汽车、绿色住宅和节能家电。这三部分的资金信息相对透明，可从统计局、政府机构、工业协会及商业数据库等渠道获取。

相较于传统燃油汽车，新能源汽车的应用会大大减少二氧化碳排放，因此居民在新能源汽车领域的消费可以看做居民的气候资金支出之一。在资金披露方面，中国汽车工业协会、全国乘用车市场信息联席会统计了各类新能源汽车的销售数量，达云数据、大搜车智云等商业数据库收集了不同品牌、系别车辆以扣除政府补助的销售价格，结合二者的数据可以间接获取我国新能源汽车消费的整体情况。考虑到政府采购占新能源汽车销售总额的比例较低，因而可以将新能源汽车的销售额大致等同于居民的消费额，从而得到居民通过购买新能源汽车支出的气候资金额。

相较于传统住宅，绿色住宅的耗能相对较低，家庭及个人在绿色住宅领域的消费可以看做其另一项重要的气候资金支出。具体来说，居民在绿色住宅领域的投资主要有两类，一是购买经认证的绿色建筑，二是对自有住宅安装屋顶光伏发电设备。对于绿色建筑的购买，各地的住房和城乡建设部门统计了其管辖范围内的绿色建筑项目清单及建筑的详细信息，包括工程名称、项目地址、项目面积等。在各地的住房和城乡建设部门对外发布的新闻里也会披露每年度新增的绿色建筑面积，但上述统计方式均没有具体说明建筑的建造成本或者销售价格，需要根据清单上的项目信息挑选出居住建筑，并结合建筑区域的平均建造成本或者平均价格估计居民在绿色建筑方面的投资。对于在自有住宅上安装屋顶光伏的投资数额，中国光伏行业协会统计了各省（区、市）纳入国家财政补贴的规模户用光伏项目的装机容量，但是没有统计每一项目的安装成本或者其他资金数据，需要结合居民住宅屋顶光伏的单位平均成本进行测算。

在国家和地方持续加大绿色、智能家电消费补贴力度的背景下，节能家电的消费额节节攀升，已经成为家庭气候资金使用的重要领域。在2019年国家统计局出台《高效节能家电产品销售统计调查制度》后，各地开展了节能家电销售情况的统计工作，并将统计结果公布于当地统计部门官网。根据官网中的销售额数据可以获取居民通过购买节能家电而支出的气候资金数额。

3. 政府机关及事业单位气候资金统计报告现状

政府机关及事业单位在节能改造和低碳研发等方面的支出，是其气候资金支出的主要领域。对于办公设施节能改造资金支出的统计，各省（区、市）的机关事务管理局设置了“公共机构节能”板块，相应的机关及事业单位需要在该板块披露节能改造项目的投资情况。此外，国管局要求使用中央预算内投资开展节能改造项目的单位将相关资产信息报备国管局的公共机构节能管理司，从而也可以获得政府单位节能改造的相关资金。但是，不论是各省（区、市）的机关事务管理局还是国管局均未对外公布机关及事业单位节能改造项目的投资数额，需要与主管部门取得联系以获取相关单位节能改造投资的基本情况。

高校和研究所是我国政府机关及事业单位中开展低碳技术研发的主力军，也是相关气候资金的主要使用方。目前，部分高校与科研院所的年度预算报告中会披露科技支出的金额，但没有细化到气候项目的口径。此外，科技部、国家自然科学基金委员会、教育部、生态环境部等部门会对高校和研究所的低碳研发提供资金支持，这也是低碳研发支出资金的来源之一。

4. 境外主体气候资金统计报告现状

境外主体气候资金主要包括我国在对境外主体的气候援助、项目投资等方面的支出。目前，这些境外主体对气候资金信息披露主要体现在两方面，一是通过资金供给方的统计披露，二是通过数据库等第三方机构进行统计披露。资金供给方对气候资金的信息披露主要集中在商务部、“一带一路”等项目库层面；第三方机构对气候资金信息的披露主要集中在美国AidData、中国全球能源金融数据库等数据库。

商务部建立的对外投资项目库中统计了我国企业和金融机构在其他国家的直接投资情况，具体包括项目的名称、所属行业、投资金额等信息，可以根据项目库中项目的定性描述筛选出属于气候领域的投资项目，并获取其对应的投资金额。

“一带一路”倡议提出以来，我国政府积极鼓励国内企业、金融机构对合作伙伴的投资建设，“一带一路”已经成为了我国向境外主体提供气候资金的重要载体。资金披露方面，中国“一带一路”网提供了所有投资项目的具体信息与资金投入，可以从中获取与气候项目相关的资金情况。此外，复旦大学泛海国际学院绿色金融与发展中心统计了我国2013—2021年在“一带一路”项目中投资于清洁能源和可再生能源的资金，从中可以得到部分我国通过“一带一路”对外投资的资金数额。

AidData 实验室由美国的威廉与玛丽学院与哈佛大学、德国海德堡大学合作设立，专门用于统计研究中国对外援助资金的基本情况。在其 *AidData's Global Chinese Development Finance Dataset* 这一数据库中，详细统计了我国在 2000—2017 年 300 多个政府机构和国有企业向全球 165 个国家或地区资助的 13 000 多个发展项目的名称、日期、项目信息及金额等，可以从中筛选出与气候变化相关的援助项目并获取对应的资金情况。AidData 数据库主要基于媒体信息，包含了大量未经官方报告的数据，数据整体较为完整。

中国全球能源金融库统计了我国国家开发银行和中国进出口银行两大政策性银行为全球能源项目融资的基本情况。具体来说，这一数据库中统计了两大政策性银行从 2000—2020 年参与海外能源项目的名称及资金数据，其中可再生能源项目及能效提升项目属于气候资金的统计范畴。

（三）资金需求方的统计报告方法

气候资金接收方主要包括企业、家庭和个人、政府机关和事业单位、境外主体四类主体，以下分别研究各类主体的气候资金统计报告方法。

1. 企业气候资金统计报告方法

企业是气候资金的最主要的需求方，绝大部分气候资金都用于企业生产经营相关活动，包括气候相关项目投资、低碳研发及与应对气候变化相关的其他活动（如节能改造）等。但是，由于缺乏强制性的气候信息披露要求，无论是上市企业还是非上市企业均未专门披露气候资金及其使用情况。气候资金的相关信息融合在环保投资信息中，且披露比例较低，披露信息较少。

由于企业数量及涉及的行业领域众多，追踪企业自有资金的难度较大，主要有以下三种途径：一是通过国资委或行业协会调研获取。二是国泰安等商业数据库统计了部分企业的环保投资数据，通过假定企业自有资金比例和气候资金占比估算。三是通过单个企业的年报或社会责任报告，有些报告中提供了气候相关的项目信息及资金投入，通过将项目层面的企业自有资金数据加总得到，有些报告中提供了企业环保投资数据，需通过假定企业自有资金比例和气候资金占比估算，我国仅 A 股上市公司的数量就有 4 400 只左右，所以此种方法的工作量非常大。为此，应参照国内外气候信息披露要求，逐步完善企业气候资金的统计报告。

2. 家庭和个人气候资金统计报告方法

家庭和个人的气候资金主要包括三部分：新能源汽车、绿色住宅和节能家电。目前并未专门开展新能源汽车和绿色住宅资金的统计报告，但是可以通过基础数据估算得到。其中，新能源汽车的资金总额可根据各类新能源汽车的销售数量和销售价格估算得到；绿色住宅资金包括购买绿色建筑资金和屋顶光伏投资两种情形，前者可基于每年度新增的绿色建筑面积以及平均建造成本或者平均价格估算，后者可基于户用光伏项目的装机容量和屋顶光伏的单位平均成本估算。国家统计局在 2019 年出台了《高效节能家电产品销售统计调查制度》，节能家电的销售额数据可从各省（区、市）统计部门官网获取。

3. 政府机关和事业单位气候资金统计报告方法

政府机关和事业单位的气候资金主要用于节能改造和低碳研发。在节能改造资金方面，国管局要求使用中央预算内投资开展节能改造项目的单位将相关资产信息报备国管局的公共机构节能管理司，各省（区、市）的机关事务管理局专门设置了“公共机构节能”板块，用于各机关事业单位披露节能改造项目的投资情况。但是，国管局和机关事务管理局的节能改造项目投资未对外公布，需要调研获取这部分资金情况。在低碳研发资金方面，科技部等部门会对高校和科研院所的低碳研发提供资金支持，可以通过与这些主管部门调研获取相关资金情况。

4. 境外主体气候资金统计报告方法

我国还有少部分气候资金用于境外主体，以支持国外的机构或企业开展气候相关的活动。境外主体气候资金信息多以项目级别数据呈现，可通过两种方式进行统计报告，一是通过商务部和“一带一路”网站等官方渠道获得项目层面的数据，二是通过美国 AidData 数据库等第三方机构获得项目层面的数据。各个数据库之间可能存在交叉重叠，可将商务部和 AidData 数据库作为主要数据来源进行统计分析，其他数据库用于交叉比对。

二、资金供给方的分析口径、报告现状和方法

由于统计口径的差异和数据来源的缺乏，对气候资金的供给进行分析存在很大的不确定性。据估算“十二五”时期，我国减缓气候变化的总资金投入约为7.95万亿元，年均投入1.59万亿元左右。同期中国适应气候变化的资金投入约为3.9万亿元，年均投入0.78万亿元左右。“十二五”时期应对气候变化的年均资金投入约为2.37万亿元。①

以历史资金投入为基准，与上文测算的2016—2030年年均约3.73万亿元的气候资金需求相比，中国今后每年仍将可能面临约1.36万亿元的气候资金缺口，提高气候资金投入仍然迫切。

① 柴麒敏，傅莎，温新元，等．中国实施2030年应对气候变化国家自主贡献的资金需求研究［J］．中国人口·资源与环境，2019，29（4）．

（一）资金供给方的分析口径

气候资金供给方主要是指为应对气候变化活动提供资金的相关主体，由于应对气候变化是国际事务且参与方众多，气候资金的来源也较为复杂。我国的气候资金既有来自国际的也有来自国内的。其中，国际气候资金包括发达国家的公共资金，以及国际碳市场、国际慈善事业、国际传统金融市场和外商直接投资等的资金；国内气候资金包括国内财政资金、国内碳市场、国内慈善事业、国内传统金融市场及企业直接投资等。

已有关于气候资金追踪的研究也多从资金供给方的角度，提供了不同的统计报告口径。比如，有学者基于资金的供给方及其公共/私人属性划分为：政策性银行、中央企业、其他中央国有企业、其他公共主体、国有商业银行、股份制商业银行、PPP 项目、私营部门、电动汽车销售等。[①]也有学者将中国气候资金分为五个类别：公共资金（包括发达国家公共资金和国内财政资金）、国际和国内碳市场资金、慈善事业和非政府机构资金、传统金融市场资金（包括国际金融市场和国内金融市场）、企业直接投资（包括外商直接投资和国内企业直接投资）。[②]

但是，现有统计报告口径存在覆盖不全面和资金之间有交叉重叠的问题，有必要进行优化。基于此，对资金供给方进行重新分类是必要的，可将应对气候变化资金提供方划分为国际公共资金、国内公共资金、国内私人资金、国际私人资金及公私混合资金五个一级分类，并按照资金来源或渠道进一步细分到二级分类，尽可能全面和科学地反映我国气候资金的

---

① Tom Heller，马骏．中国扩大气候金融规模的潜力［EB/OL］．https：//www. climatepolicyinitiative. org/wp－content/uploads/2021/02/% E4% B8% AD% E5% 9B% BD% E6% 89% A9% E5% A4% A7% E6% B0% 94% E5% 80% 99% E9% 87% 91% E8% 9E% 8D% E8% A7% 84% E6% A8% A1% E7% 9A% 84% E6% BD% 9C% E5% 8A% 9B－2. pdf.

② 王遥，刘倩．2012 中国气候融资报告：气候资金流研究［M］．北京：经济科学出版社，2013.

结构。

（二）资金供给方的统计报告现状

1. 国际公共资金统计报告现状

双边气候资金主要包括官方发展援助和其他官方资金，对此经济合作与发展组织的发展援助委员会（OECD－DAC）建立了较为成熟的资金统计制度。在 OECD－DAC 官方网站中，对外开放的气候资金统计数据库详细披露了 2000—2020 年 DAC 成员国向包括我国在内的发展中国家提供的气候资金，包括资金的用途、与气候的相关程度等。由于 OECD－DAC 建立了债权人报告系统，并由 OECD 秘书处进行年度审查和数据输入审查，数据整体较为完整、准确。

多边金融机构的资金主要包括多边开发银行（MDBs）和国际开发金融俱乐部（IDFC）提供的、用于支持减缓气候变化和适应气候变化活动资金。MDBs 通过开展气候资金追踪获取数据，汇总形成年度联合报告，并详细披露大多数 MDBs 向各国提供的气候资金数额。与 MDBs 不同，IDFC 的成员既包括多边金融机构，也包括双边金融机构，需要从其发布的绿色金融地图报告（Green Finance Mapping Report）中选出多边机构的气候资金。此外，在其分区域的气候资金统计中，只统计了亚太地区的总投资额，并未将我国单独列出，需要进一步与其合作或假设一定比例估算出对我国的投资额。

出口信贷是指一国政府为促进资本性货物出口或对外进行大型工程承包，通过该国出口信贷机构，提供直接的贷款支持或贷款担保。目前，出口信贷在国际公共气候资金中所占比例较少且缺乏专门的统计口径，但是由于其与气候变化相关的部分主要投向清洁能源领域，而 OECD 统计了各国接收的出口信贷总金额和出口信贷中投向清洁能源的比例，可以结合二者估计出国际出口信贷向我国清洁能源领域提供的气候资金。

2. 国内公共资金统计报告现状

国内公共资金主要是指国内支持应对气候变化领域的财政资金和政府主导资金。根据主体的划分，资金主要来自国家财政、政策性银行、国有金融机构和国有企业等。因资金供给方主体性质不同，目前这些资金的信息披露尚未统一。鉴于此，接下来将基于不同主体类型对资金及相关信息的披露情况进行梳理。

（1）财政公共资金

从应对气候变化资金供给侧来看，国家财政应对气候变化的资金供给范围主要是指中央和地方政府及其下属所有事业单位参与应对气候变化的相关财政支出，既包括应对气候变化及相关活动的直接支出，也包括应对气候变化及相关活动的间接支出。直接支出是本级政府及事业单位用于应对气候变化的支出总和，而间接支出是指本级政府用于支持下级政府及事业单位开展应对气候变化相关活动的支出总和。这些支出中既有针对气候变化相关项目的直接股权投资，也有其他日常管理费用。

从现有统计口径来看，不论是直接支出还是间接支出，已有统计口径并未设计专门应对气候变化的支出专项。用于应用气候变化领域的资金信息只能从《中国统计年鉴》《中国财政年鉴》和各个行业管理部门本级支出等渠道获取。通过《中国统计年鉴》可知，公共支出包括一般预算支出、政府基金性支出和国有资本经营性支出。其中，一般预算支出包括节能环保、农林支出、灾害应急管理等应对气候变化相关支出；政府基金性支出包括可再生能源电价附加收入安排的支出，污水处理费安排支出等；国有资本经营性支出包括生态环境保护支出等，但没有用于应对气候变化减缓和适应的统计口径。

可见，现有财政预算资金披露信息和统计结果很难准确反映出用于气候领域的资金规模和结构。若未来要对公共资金进行精确校准，只能通过自下而上层层上报的方式，对政府部门主导的气候变化相关行业或项目来进行汇总。

（2）政策性银行资金

政策性银行资金，是指政策性银行为应对气候变化所提供的资金。根据《关于绿色融资统计制度有关工作的通知》，各家政策性银行均需按照相关规定，对其环境、安全和绿色融资等情况进行定期披露。我国政策性银行主要包括中国农业发展银行、国家开发银行、中国进出口银行。三者虽同属政策性金融机构，但其职能范围有所不同，因此在应对气候变化领域，信息披露的内容和程度也均存在差异。

从现有统计口径来看，政策性银行对绿色贷款规模、减排等信息披露程度较高，而对气候变化资金规模和结构等具体信息的披露仍存在不足，相关信息可从各行官网、年报和社会责任书中获取。以国家开发银行为例，国家开发银行主要通过开展中长期信贷与投资等金融业务，为国民经济重大中长期发展战略服务，在应对气候变化领域扮演着重要角色。目前国家开发银行在其官网设定了社会责任版块，设置了可持续发展和绿色金融等内容。在公开年报和可持续发展报告中的支持绿色低碳循环发展和全面风险管理两大板块里，披露内容包括绿色信贷贷款余额规模，但并未涉及各个具体项目资金数额及相关信息，因此很难计算应对气候变化确切的资金规模。

（3）国有金融机构资金

国有金融机构是我国各个领域进行投融资活动的主要参与主体，因此其也是应对气候变化资金的主要供给方之一。根据《金融机构环境信息披露指南》，环境信息披露工作中的金融机构可分为商业银行、保险公司、信托公司、资管机构四大类，其中资管机构包括资产管理公司和公募基金。但目前各家金融机构对应对气候变化活动相关信息理解有所差异，其在披露过程中也未形成统一标准。

商业银行是当前应对气候变化领域资金供给的主要力量，其类型较多，包括大型国有银行、全国性股份制银行（广发银行和恒丰银行未上市）、城商银行、农村商业银行等。中国银行业协会基于推动“双碳”目标，对绿色金融发展总体情况进行了披露，相关数据和信息可从中国银行业发展报告和各家银行公布的年报中获取，中国银行业协会发布的《2022年度中国银行业发展报告》对整个银行业绿色贷款余额、变动幅度、直接和间接碳减排效益项目的贷款余额等信息均做了披露。

保险公司是应对气候变化领域资金供给的重要组成部分。根据保险业协会数据，中国绿色保险保额呈逐年增长趋势，2020 年，中国绿色保险保额 18. 33 亿元，较 2019 年增加 3. 65 万亿元；累计绿色保险保额 45. 03 万亿元，较 2019 年增加 18. 32 万亿元。各家保险公司披露的相关信息可以通过保险业协会的官网获取其年报和社会责任书。

信托公司是应对气候变化领域资金供给的重要补充。根据中国信托业协会官网，中国信托业协会通过《中国信托业社会责任报告（2020—2021)》对绿色信托发展总体情况进行了披露，披露内容包括绿色信托项目、绿色信托规模及 ESG 目标等。

基金公司也是应对气候变化领域资金供给的重要力量。中国证券投资基金业协会官网和资本市场电子信息化平台已经开设了相关信息专栏，对绿色投资主体的总体情况进行汇总和披露，并且对基金行业关于 ESG 的相关信息进行统计。但目前基金的披露现状主要是围绕基金的业务投向来进行披露，对直接投放气候相关的标的物尚未有明确披露。

（4）国有企业自有资金

国有企业是应对气候变化的主要实践者，国有企业自有资金也是应对气候变化的重要组成部分。国有企业气候资金的披露工作仍处于探索阶段，资金披露率较低，资金散落于不同类型的报告和文件中，缺乏统一的统计框架与披露载体。《强制性清洁生产审核评估与验收报告》披露了企业项目的环保投资金额及明细项，政府和社会资本合作中心官网统计了企业绿色 PPP 项目的投资情况，国泰安等商业数据库统计了 A 股上市企业的环保投资数据，但以上统计均无法覆盖所有企业。此外，因行业、业务板块和发展方向不同，国有企业的应对气候变化资金及相关信息在披露过程中具有较大差异，而这些信息均分散在各家企业年报和披露的信息报告中，并未有汇总的统一口径。

3. 其他资金统计报告现状

（1）私营企业自有资金

应对气候变化的私营企业自有资金是指企业或公司以自有资金参与应对气候变化的资金规模。虽然对气候变化的资金范围和供给规模尚不确定，但其在未来将发挥不可忽视的作用。目前各家企业在资金使用上具有较大差异，因此其披露口径、方式及程度也具有较大差异。

（2）家庭和个人自有资金

家庭和个人应对气候变化领域的自有资金是气候资金追踪工作的重要目标之一。家庭和个人应对气候变化自有资金主要来源于自身收入，而这些信息均涉及个人隐私等法律问题，其信息披露程度较低，因此相关信息只能通过消费产品终端获取。这些资金在气候变化领域支出主要用于直接购买新能源汽车、绿色住宅和节能家电三大部分，通过这三类产品的消费支出减去消费者贷款和政府补贴，即为家庭和个人应对气候变化领域的自有资金。这三类产品的消费支出信息相对透明，可从统计局、各个行业协会及其他公开研究报告中获取。

（3）国际私人资金

外国企业通过直接投资，参与我国气候项目的设计与实施，是国际私人气候投资的主要方式。但是相较于国际公共资金，国际私人资金的数量较少，2017—2018 年只有 25% 左右的国际资金来自私营机构。[1] 在我国，外商直接投资于气候变化领域的项目由商务部外资司进行审核管理，但是具体数据尚没有对外公开，需要与主管部门合作获取。

此外，国际私人资金的主要投资领域是可再生能源领域，因此可以从可再生能源项目入手获取私人投资金额。彭博新能源数据库（BNEF）统计了关于可再生能源发电项目层面的数据，既包括以二十国集团（G20）为主的众多国家开发的可再生能源发电项目，也包括部分能效项目。国际能源署（IEA）开发了估算能效投资和电动汽车投资的方法，形成了工业、交通和建筑领域的能效投资以及电动汽车公共投资和私人投资数据。

（4）碳市场资金

碳市场资金是指企业通过碳市场参与温室气体减排活动而支出的资金，既包括公共资金，也包括混合资金。随着碳市场规模的增长，其提供的资金成为我国气候资金的重要来源之一。CDM 是早期国际碳市场向我国企业提供气候资金的重要途径，但是 2013 年以后，由于欧盟碳交易市场受实体经济下滑影响需求大幅减少，中国签发的 CDM 项目急剧减少。截至 2021 年 4 月，我国参与了全球 45.9% 的 CDM 项目，资金的披露情况可以从 CDM 官网获取，内含不同项目的具体信息与投资情况。

2011 年以来，我国逐步推出 8 个排放权交易试点，各个市场的交易数量和平均交易价格可以从碳排放交易网站获取。2021 年 7 月 6 日，全国碳排放权易市场正式启动上线交易，纳入全国碳市场的发电企业达 2 000 多家，其交易数据可以从上海能源环境交易所网站实时获取。

（5）慈善事业和非政府组织资金

慈善事业提供的气候资金主要来源于企业和社会团体及个人的捐资。

---

① Tom Heller，马骏．中国扩大气候金融规模的潜力［EB/OL］. https：//www. climatepolicy-initiative. org/wp－content/uploads/2021/02/% E4% B8% AD% E5% 9B% BD% E6% 89% A9% E5% A4% A7% E6% B0% 94% E5% 80% 99% E9% 87% 91% E8% 9E% 8D% E8% A7% 84% E6% A8% A1% E7% 9A% 84% E6% BD% 9C% E5% 8A% 9B－2. pdf.

在每年发布的《中国慈善捐助报告》中，包含慈善资金中流向生态环境的领域，从而可以间接估计出相应的气候资金。

非政府组织的资金也是我国气候资金的来源之一。儿童基金会（CIFF）作为国际上著名的非政府组织，在气候领域也作出了重要贡献。在CIFF官网的年度报告中，披露了其参与我国气候治理的具体活动以及应对气候变化的全球总投资额，可以结合这些信息调研获取其对我国提供的气候资金。同样，美国环保协会（EDF）也在其公布的年度报告中披露了参与的气候项目和全球的气候投资额。此外，能源基金会（EF）、世界资源研究所（WRI）及世界自然基金会（WWF）等非政府组织也对我国应对气候变化行动提供了不同的支持，可以与其合作获取具体的资金数据。由于国内气候变化相关的慈善及非政府组织捐助事业刚刚起步，尚没有建立专门的统计和披露口径。

（三）资金供给方的统计报告方法

根据资金供给方的属性，气候资金可划分为国际公共、国内公共、国内私人、国际私人和公私混合五大类。由于经济主体实际控制结构和股权结构的复杂性，有必要区分公共和私人资金，国有实体控股或者股权占比较大的归为公共资金，私人实体控股或者股权占比较大的以及所有权不清楚的归为私人资金。

1. 国际公共气候资金统计报告方法

OECD—DAC的债权人报告系统（CRS）数据库和气候相关发展融资数据库作为首要的统计报告来源，涵盖了双边资金、多边银行资金、多边气候基金、由公共资金调动的私人资金及部分慈善事业资金。MDBs和IDFC的年度报告分别提供了多边开发银行和开发性金融机构的气候资金数据，且有分国家和分融资工具的数据。Climate Fund Update的网站提供了主要气候基金的气候资金数据，且有分国家的项目层面数据。出口信贷目前暂未建立统一的项目分类方法，所以按照保守估计原则，只纳入各方公认归属于气候资金的清洁能源出口信贷数据，可基于出口信贷总额和清洁能源出口信贷占比估算。

值得注意的是，国际公共气候资金作为发达国家承诺向发展中国家提供的气候资金，多以承诺数而非实际支付数的口径进行统计，且上述各种数据来源之间可能存在交叉重复，应扣除重复的部分。

2. 国内公共气候资金统计报告方法

国内公共资金是我国气候资金的先导力量和主要来源，包括财政预算资金、政策性银行资金、国有金融机构资金及国有企业自有资金等。由于气候资金数据基础不同，可采用不同的统计报告方法。

（1）财政预算资金

目前我国财政资金统计口径中并没有专门的气候变化支出科目，仅能采用以下方式粗略估算：筛选并汇总一般公共决算支出和政府性基金支出中与气候变化相关的科目，其中一般公共决算支出包括节能环保支出、农林水支出、交通运输支出以及援助其他地区支出中与气候变化相关的子项，政府性基金支出中与气候变化相关的支出包括新型墙体材料专项基金相关支出、中央水库移民扶持基金支出、国家重大水利工程建设基金相关支出、可再生能源电价附加收入安排的支出、污水处理费相关支出、地方水库移民扶持基金相关支出、育林基金支出以及森林植被恢复费安排的支出。因无法获得进一步细分的时间序列数据，此数据的统计口径偏大，还包括部分用于污染物控制和减排的财政支出。

（2）政策性银行资金

我国有国家开发银行、中国进出口银行和中国农业发展银行三家政策性银行。2020 年发布的《中国银保监会办公厅关于绿色融资统计制度有关工作的通知》要求政策性银行统计气候融资情况，包括与生产、建设、经营、贸易、消费有关的气候融资，所以可通过金融监管部门或政策性银行调研直接获取气候资金数据。此外，从政策性银行的年度报告和可持续发展报告中也可获取一些气候项目、投融资数据信息以及绿色信贷、绿色债券、绿色基金等不同融资工具情况，可作为已有气候融资统计数据的补充。

（3）国有金融机构资金

国有金融机构的类型较多，主要包括国有银行、保险公司、信托公司、其他基金或资产管理公司等。由于我国融资结构以信贷为主，国有银行是气候资金的主要提供方。根据《中国银保监会办公厅关于绿色融资统计制度有关工作的通知》，各银保监局要按照银行业金融机构的性质分类汇总辖内银行机构和非银行金融机构的绿色融资数据，所以可通过金融监管部门、证监会、保险业协会、基金业协会等的调研直接获取气候资金数据。

此外，从各金融机构的年度报告和可持续发展报告中也可获取一些气候项目、投融资数据信息以及绿色信贷、绿色保险、绿色债券、绿色基金等不同融资工具情况，可作为已有气候融资统计数据的补充。相较而言，保险公司、信托公司、资产管理公司等仅提供了少部分气候资金，数据获取存在困难。

（4）国有企业自有资金

国有企业作为资金供给方的统计口径与作为资金需求方的统计口径有所不同，前者仅统计企业提供的自有资金，而后者统计企业用于气候相关活动的所有资金，包括企业自有资金、融资资金、政府补贴及其他来源资金等。由于企业数量及涉及的行业领域众多，追踪企业自有资金的难度较大。数据获取主要有以下三种途径：一是通过国资委或行业协会调研获取。二是通过国泰安等商业数据库获取。数据库统计了部分企业的环保投资数据，通过假定企业自有资金比例和气候资金占比估算。三是通过单个企业的年报或社会责任报告获取。有些报告中提供了气候相关的项目信息及资金投入，通过将项目层面的企业自有资金数据加总得到；还有些报告中提供了企业环保投资数据，需通过假定企业自有资金比例和气候资金占比估算。我国仅A股上市公司的数量就有4 400只左右，所以此种方法的工作量非常大。

3. 其他资金统计报告方法

（1）国内私人资金统计报告方法

国内私人资金主要来源包括商业金融机构、私营企业自有资金、家庭和个人消费等三种。商业金融机构和私营企业自有资金的统计报告可参考国有金融机构和国有企业的相关内容，本部分重点介绍家庭和个人气候资金的统计报告。

家庭和个人气候资金主要包括三部分：新能源汽车、绿色住宅和节能家电。目前并未专门开展新能源汽车和绿色住宅资金的统计报告，但是可以通过基础数据估算得到。作为资金供给方的统计口径与作为资金需求方的统计口径有所不同，前者仅统计家庭和个人提供的自有资金，而后者统计家庭和个人支出的资金，包括家庭和个人自有资金、贷款资金、政府补贴及其他来源资金等。家庭和个人用于绿色住宅的资金通常由自有资金和贷款资金组成；用于新能源汽车的资金或由自有资金、政府补贴和贷款资金组成，或由自有资金和政府补贴组成；用于节能家电的资金通常由自有资金和政府补贴组成。

直接获取家庭和个人自有资金的难度较大，可通过家庭和个人用于上述三个领域的总资金及个人自有资金占比粗略估算。三个领域的总资金的估算方法如下：新能源汽车的资金总额可根据各类新能源汽车的销售数量和销售价格估算得到；绿色住宅资金包括购买绿色建筑资金和屋顶光伏投资两种情形，前者可基于每年度新增的绿色建筑面积及平均建造成本或者平均价格估算，后者可基于户用光伏项目的装机容量和屋顶光伏的单位平均成本估算。国家统计局在2019年出台了《高效节能家电产品销售统计调查制度》，节能家电的销售额数据可从各省（区、市）统计部门官网获取。

（2）国际私人气候资金统计报告方法

国际私人气候资金主要是外商直接投资，气候变化领域的项目投资情况由商务部外资司进行审核管理，但是具体数据尚没有对外公开。重点领域的国际私人资金数据可通过商业数据库获取，如彭博新能源数据库（BNEF）提供了可再生能源发电的项目层面数据，国际能源署（IEA）提供了能效投资和电动汽车投资数据，但这两个均为商业数据库，需要收取较高的数据费用。

（3）公私混合气候资金统计报告方法

公私混合气候资金主要包括碳市场资金以及慈善事业和非政府组织资金两种类型，其中碳市场又分为国际和国内碳市场。但是现阶段我国极少参与国际碳市场，所以气候资金主要来自国内碳市场，这部分数据的统计报告较为完善，可直接在上海环境能源交易所网站获取交易额和交易量数据。慈善事业和非政府组织也支持气候相关的活动，但这部分的数据十分零散。慈善事业资金可通过每年发布的《中国慈善捐助报告》中流向生态环境的资金大略估算。非政府组织的气候资金可通过向主管部门或提供气候资金支持的主要非政府组织（如CIFF、EDF、EF、WWF、WRI等）调研获取相关数据。

基于以上分析，强化气候资金统计工作和能力建设迫在眉睫。具体而言，一要构建气候投融资政策体系，针对气候友好型项目周期长、收益低、政策不确定性较大的特点，通过制定激励政策、实施配套政策和保障政策等，逐步建立一套气候资金政策体系以帮助投资者和金融机构灵活选择最符合项目特征的投融资方式和工具。二要健全气候投融资机制安排，建立健全针对气候变化投融资领域的资金评估和报告体系，探索完善气候资产定价机制，建立气候友好的投资效益评价标准。三要推动气候投融资工具创新，在设置和利用引导基金、发行气候债券、发展气候信贷、推动碳金融和利用互联网 + 新技术等领域积极创新。四要强化气候投融资风险管理，建立有效而全面的风险防范机制和气候投融资风险考核机制，制定专门的气候投融资审查体系。五要完善气候投融资信息披露，搭建气候投融资信息发布平台，建立信息审核发布机制。六要加强气候投融资能力建设，通过宣传、培训、实操和国际合作等方式，提高政府、企业和公众对气候投融资的认识。

第四章　气候投融资碳排放核算方法

金融机构是气候投融资活动的重要交易主体之一。相比自身经营活动产生的碳排放，其投融资活动产生的碳排放，无论是排放量还是对经济的影响都值得关注和研究。因此，有必要就金融机构投融资活动的碳排放进行核算。金融机构投融资活动碳排放核算是其进行气候风险管控的重要基础，是支持其实现绿色低碳转型的重要支撑。投融资活动碳排放核算能够帮助金融机构了解资产碳排放状况，摸清“家底”，为制定碳达峰和碳中和策略以及开发绿色金融产品、实施绿色金融业务提供基础支撑。

2020 年，国家金融主管部门加快推动金融机构开展投融资活动碳排放核算工作。2021 年 4 月，中国人民银行行长易纲在博鳌亚洲论坛“金融支持碳中和”圆桌会议上指出，中国人民银行已经指导试点金融机构测算项目的碳排放量，评估项目的气候、环境风险，正在探索建立全国性的碳核算体系，已按季评价银行绿色信贷情况，正在研究对金融机构开展绿色信贷、绿色债券等评价体系。2021 年 3 月，中国人民银行制定的《推动绿色金融改革创新试验区金融机构环境信息披露工作方案》明确指出，银行业金融机构环境信息披露应包括温室气体排放准则的 3 个范围，特别是资产部分温室气体排放。2021 年 8 月，中国人民银行发布《金融机构碳核算技术指南（试行)》(以下简称《技术指南》)。《技术指南》是我国第一个专属金融机构的碳核算方法，也是全球首个由中国人民银行下发的金融机构碳排放核算指南性文件，旨在帮助金融机构核算自身及其投融资业务碳排放量。《技术指南》

明确了金融机构投融资业务的核算要求、流程、数据采集方式、质量保证措施等，为形成统一、透明的碳排放核算方法奠定了基础。

从市场已公开信息披露看，大部分金融机构能够披露自身经营活动的能源和资源使用情况，包括耗水量、用电量、用纸量、公务车耗油量等指标，而对于选择性披露的投融资活动以及全职雇员活动产生的碳排放则较少披露。[①] 金融机构自身经营活动的碳排放量较小，而投融资活动产生的碳排放量较大，目前我国金融机构对投融资活动碳排放披露程度整体较低，关注度也略显不足，而且披露投融资活动碳排放情况的银行主要披露对公信贷的碳排放情况。截至2022年5月，在公开发布的、包括季度和年度报告在内的388份环境信息披露报告中，有10家金融机构发布了对公信贷部分碳核算结果，其中，5家银行提供了全口径信贷资产碳排放核算结果，3家披露了高碳行业碳排放核算结果，2家披露了重点客户碳排放核算结果。

据了解，基于目前金融机构环境信息披露实践经验反馈，中国人民银行正在进一步细化碳核算方法、明确碳核算系数、完善碳核算体系，但对金融机构股权投资、债务投资部分碳排放核算方法尚未开发出来。因此，开展股权、债权投资活动碳排放核算，以满足国内金融机构更多资产碳排放核算需求十分必要。

一、气候投融资碳核算标准和方法

（一）碳核算概述

碳核算（Carbon Accounting）一般是指实体按照监测计划对碳排放

① 我国金融机构开展环境信息披露主要依据《金融机构环境信息披露指南》（JR/T 0227－2021）。

相关参数实施数据收集、统计、记录，并将所有排放相关数据进行计算、累加的一系列活动，是测量人类活动向地球生物圈直接和间接排放二氧化碳及其当量气体数量所需的过程。企业碳核算帮助企业识别主要碳排放源，找出潜在的减排环节和方式，是企业规划低碳发展战略，制定温室气体减排目标的基础；同时排放清单编制可以掌握不同年份企业温室气体排放情况，可以作为动态追踪碳减排工作进展、评估碳减排成效的绩效指标。

《京都议定书》中规定的六种温室气体包括：二氧化碳（CO_2）、甲烷（CH_4）、氧化亚氮（N_2O）、氢氟碳化物（HFCs）、全氟化碳（PFCs）、六氟化硫（SF_6）。我国2020年12月出台的《碳排放权交易管理办法》里增加了三氟化氮（NF_3），但是目前仅对纳入全国碳市场的发电企业适用，其他行业及标准仍然核算的是《京都议定书》中规定的六种温室气体。

根据《温室气体协议企业会计和报告标准》，直接排放是指企业（单位）拥有或控制来源的碳排放。间接排放是企业（单位）运营的结果，但发生在另一家企业（单位）拥有或控制的排放源上的碳排放。直接和间接排放按范围进一步分类，并根据排放源以及排放发生在企业（单位）供应链中的位置进行区分。

投融资支持企业或项目活动对气候的影响可分为三种：温室气体排放、温室气体清除和避免温室气体排放。核算时衡量三种气候影响类型的指标分别为：产生的碳排放量（排放到大气中的温室气体）、碳排放清除量（碳汇量）和避免的排放量（碳减排量）。

碳核算范围依据排放源以及排放发生在企业（单位）供应链中的位置进行区分，即范围一、范围二和范围三。

范围一：由企业（单位）拥有或控制的来源产生的直接温室气体排放——如自有或控制的锅炉燃煤、燃气或燃油产生的排放。

范围二：企业（单位）外购电力、热力、冷量所产生的间接温室气体排放。范围二排放实际发生于企业（单位）边界外能源加工转换设施。

范围三：企业（单位）供应链上、下游中发生的，除范围二以外的所有间接温室气体。范围三可以分解为供应链上游排放（如来自采购材料的生产排放）和该企业（单位）作为供应链上游发生的供应链下游排放（如银行投资的企业生产排放）。

《企业价值链（范围三）核算与报告标准》将范围三排放分为上游范围三排放和下游范围三排放，共15类。其中，上游范围三排放包括：外购的产品和服务、资本商品、不包括在范围一和范围二的燃料和能源相关活动、运输和配送（上游）、运营中产生的废物、商务旅行、员工通勤、租赁资产（上游）；下游范围三排放包括：运输和配送（下游）、售出产品的加工、售出产品的使用、处理寿命终止的售出产品、租赁资产（下游）、特许运营、投资。其中第15类（投资）产生的排放，属于金融机构资产投资组合的温室气体排放，纳入金融机构范围三排放范畴。

《企业价值链（范围三）核算与报告标准》列出企业开展范围三碳核算可实现的商业目标，由此分析开展投融资活动碳核算其目的在于以下几个方面。

第一，确定和理解投融资活动中与碳排放相关的风险与机遇。主要包括确定价值链中与温室气体相关的风险；确定新的市场机遇以及报告投资和采购决策。

第二，确定温室气体减排机遇，设立符合《巴黎协定》和我国“双碳”目标的气候战略目标（减排目标）、制定减排措施和追踪绩效。主要包括确定价值链中温室气体“热点”并优先减排，设定范围三温室气体减排目标和长期持续的量化和报告温室气体绩效。

第三，吸引投资或融资主体参与温室气体管理。主要包括与价值链中的供应商、客户及其他企业建立伙伴关系，以达到温室气体减排目标；在供应链中扩大温室效应气体（GHG）的核算责任、透明度和管理；增强企业吸引供应商参与透明度；降低供应链中的能耗、成本和风险，并避免未来与能源和排放相关的成本；通过改进供应链效率和减少材料、资源和能耗来降低成本。

第四，通过公开报告，向利益相关方提供信息并提升金融机构信誉。主要包括通过公开披露增强企业声誉和责任感；通过公开披露温室气体排放和减排目标进展的信息，展示企业的环境管理工作，从而满足利益相关方的需求，增强利益相关方的声誉，并改善利益相关方关系；参与政府领导的和非政府组织（NGO）领导的GHG报告和管理计划，以便披露与温室气体相关的信息。

（二）碳核算标准体系

核算数据科学、准确的前提是采用合乎规范并被认可的温室气体核算标准及方法。自1992年《联合国气候变化框架公约》通过以来，政府间气候变化专门委员会（IPCC）、世界资源研究所（WRI）和世界可持续发展工商理事会（WBCSD）、国际标准组织（ISO）、英国标准协会（BSI）、碳核算金融联盟（PCAF）等国际组织为了规范核算实践工作，制定了一系列的碳核算标准及方法，为开展核算时界定核算边界、采集数据、保证核算质量等工作提供了依据。其中，WRI与WBCSD发布的《温室气体核算体系》（以下简称GHG Protocol）和PCAF发布的《金融行业温室气体核算和报告全球性准则》（以下简称《PCAF金融标准》）普遍适用于金融机构和金融资产的碳排放核算。

不同组织制定的碳核算标准面向对象不同，主要适用对象涵盖四个层面：区域层面、组织层面、项目层面、产品层面。国内外碳核算方法体系详见表4－1。

表 4-1 国内外碳核算标准

范围	开发组织	标准名称	主要特点	适用对象
国际	IPCC	《2006 年 IPCC 国家温室气体清单指南》	国家温室气体清单，是世界各国编制温室气体清单的主要方法和规则	国家或区域
	WRI 和 WBCSD	GHG Protocol 包括《温室气体核算体系：企业核算与报告标准（2011）》《温室气体核算体系：产品寿命周期核算和报告标准（2011）》《温室气体核算体系：企业价值链（范围三）核算与报告标准（2011）》《温室气体核算体系项目量化方法》	包括企业碳核算与报告标准、项目碳核算标准、城市和社区标准等多个碳核查和报告指南标准	企业（含范围三）或项目或产品
	ISO	ISO 14064、ISO 14067	规范企业和组织层面的温室气体核算和验证要求	企业/组织
	BSI	《PAS 2050：2008 商品和服务在生命周期内的温室气体排放评价规范》	对产品或服务的全生命周期核算	产品层面
	PCAF	《PCAF 金融标准》	金融机构投资组合层面碳排放核算	6 类资产
国内	国家发展改革委	电解铝生产企业、电网企业及发电企业等 24 个重点行业企业温室气体排放核算方法与报告指南	重点企业碳核算，为配额分配提供支撑；给出相应行业碳排放因子	重点企业
		《工业企业温室气体排放核算和报告通则》（GB/T 32150-2015）	指导各行业企业温室气体排放核算与报告编制	工业企业
		《省级温室气体清单编制指南（试行）》	省级温室气体清单编制指导文件，给出生产过程排放因子缺省值、不同区域电网单位供电平均二氧化碳排放值、不同区域稻田甲烷排放因子、不同区域农用地氧化亚氮直接排放因子默认值等	区域层面

续表

范围	开发组织	标准名称	主要特点	适用对象
国内	中国人民银行	《金融机构碳核算技术指南（试行）》	核算银行业金融机构投融资活动碳排放	金融机构
	广东省生态环境厅	《广东省市县（区）级温室气体清单编制指南》	编制广东省市县（区）级温室气体清单	区域层面
	深圳市市场和质量监督管理委员会	《组织的温室气体排放量化和报告指南》（SZDB/Z 69－2018）	适应于特定行政区域（碳交易试点）企业主体的核算方法	企业层面
	上海市发展和改革委员会	《上海市温室气体排放核算与报告指南（试行）》（SH/MRV－001－2012）	适应于特定行政区域（碳交易试点）企业主体的核算方法	企业层面
	北京市发展和改革委员会	《北京市企业（单位）二氧化碳核算和报告指南（2013版）》	适应于特定行政区域（碳交易试点）企业主体的核算方法	企业层面
	湖北省发展和改革委员会	《湖北省温室气体排放核查指南（试行）》	适应于特定行政区域（碳交易试点）企业主体的核算方法	企业层面
	湖州市金融办	《银行信贷碳排放计量方法指南》	核算银行对公信贷所关联的碳排放	银行层面

金融机构投融资活动碳核算不仅涉及金融机构层面标准，同时还涉及区域、企业等多层次核算内容。以上标准中，对金融机构参考较大的包括《温室气体核算体系：企业价值链（范围三）核算与报告标准（2011）》《PCAF金融标准》和《金融机构碳核算技术指南（试行）》，其他标准在计算资金支持的投资标的，即各种金融产品资金支持的企业或项目的碳排放量时也会涉及。理论上，金融机构资产碳核算的过程中将主要依据企业或项目层面的碳排放因子，但是当无法直接获取企业或项目层面数据时，往往会采用所在区域及行业的碳排放因子及方法进行计算，此时也会参考上述区域层面的相关标准。

（三）碳核算方法要点

1. 碳核算路径

整体而言，碳核算的路径可分为自上而下和自下而上两类。前者主要指国家或政府层面的宏观测量，而后者则包括企业的自测与披露、地方对中央的汇报汇总，及各国对国际社会的反馈。目前，已开发出共同目标下政府主体和市场主体自主推进又交互反馈的核算路线。

从国际层面而言，国际组织或国际协定主要依靠各国政府和企业自主核算及汇报来计算碳核算结果。自上而下的测算以《2006 年 IPCC 国家温室气体清单指南》为主流国际标准，自下而上的测算以 GHG Protocol 系列标准应用最为广泛。这些由非政府组织出具的标准及指引，均鼓励国家（地区）、城市、社区及企业等主体对于核算结果进行汇报和沟通，以此确保公开报告的一致性。各碳核算标准因数据来源、采集及测量方式、数据呈现方式、汇报方式等各有侧重，而在各自适用领域被推广使用。

2. 碳核算原则

GHG Protocol 明确核算应遵循相关性、完整性、一致性、透明性和准确性五大原则。其中，完整性要求披露涉及的全部温室气体排放源和活动，若存在任何未核算的，应解释缘由。

3. 碳核算步骤

虽然上述标准开展核算的范围不同，但是核算程序和步骤基本是相同的：确定核算边界→明确核算方法及原则→收集数据→计算汇总碳排放量。

4. 确定组织边界

定义组织边界是企业温室气体核算的关键步骤。组织边界将确定哪些运营活动被包含在报告企业组织边界内，及报告企业如何合并运营活动的排放。根据 GHG Protocol 以及《PCAF 金融标准》有关规定，报告企业定义组织边界通常采取三种合并方法（见表 4－2）。报告企业应在进行碳排放核算前期选择一种合并方法以确定核算边界。

表 4－2　　国际标准关于碳核算组织边界三种合并方法

合并方法	说明
股权比例	根据股权比例法，企业根据自身在运营中的股权比例核算其运营的 GHG 排放。股权比例反映经济利益，是企业对运营风险和收益所具有的权利的大小
财务控制	根据财务控制法，企业对其自身有财务控制权的 GHG 排放进行 100% 的核算。对其存在利润收益但不拥有财务控制权的运营活动，不需要进行 GHG 排放核算
运营控制	根据运营控制法，企业对其自身有运营控制权的 GHG 排放进行 100% 的核算。对其存在利润收益但不拥有运营控制权的运营活动，不需要进行 GHG 排放核算

5. 碳核算方法

碳核算方法主要包括基于计算和基于测量两种方式。其中，基于计算的方式包括排放因子法和质量平衡法；基于测量的方式包括实测法。国家发展改革委公布的 24 个重点行业企业温室气体排放核算方法与报告指南采用的温室气体量化方法只包含排放因子法和质量平衡法，2020 年 12 月生态环境部发布的《全国碳排放权交易管理办法（试行）》中明确指出，重点排放单位应当优先开展化石燃料低位热值和含碳量实测。

（1）排放因子法（基于计算）

排放因子法是适用范围最广、应用最普遍的一种碳核算办法。根据 IPCC 提供的碳核算基本计算公式：

温室气体排放（GHG）=活动数据（AD）×排放因子（EF）

其中，AD是导致温室气体排放的生产或消费的活动量，如每种化石燃料的消耗量、石灰石原料的消耗量、净购入的电量、净购入的蒸汽量等；EF是与活动水平数据对应的系数，包括单位热值含碳量或元素碳含量、氧化率等，表征单位生产或消费活动量的温室气体排放系数。EF既可以直接采用联合国政府间气候变化专门委员会、美国环境保护署、欧洲环境机构等提供的已知数据（缺省值），也可以基于代表性的测量数据来推算。我国已经基于实际情况设置了国家参数，例如《工业其他行业企业温室气体排放核算方法与报告指南（试行）》的附录二提供了常见化石燃料特性参数缺省值数据。

该方法适用于国家、省（区、市）等较为宏观的核算层面，可以粗略地对特定区域的整体情况进行宏观把控。但在实际工作中，由于地区能源品质差异、机组燃烧效率不同等原因，各类能源消费统计及碳排放因子测度容易出现较大偏差，成为碳排放核算结果误差的主要来源。

（2）质量平衡法（基于计算）

质量平衡法可以根据每年用于国家生产生活的新化学物质和设备，计算为满足新设备能力或替换去除气体而消耗的新化学物质份额。对于二氧化碳而言，在质量平衡法下，碳排放由输入碳含量减去非二氧化碳的碳输出量得到：

二氧化碳（CO_2）排放 =（原料投入量×原料含碳量－产品产出量×产品含碳量－废物输出量×废物含碳量）×44/12

其中，“44/12”是碳转换成二氧化碳的转换系数（CO_2/C的相对原子质量）。采用基于具体设施和工艺流程的碳质量平衡法计算排放量，可以反映碳排放发生地的实际排放量。这不仅能够区分各类设施之间的差异，还可以分辨单个和部分设备之间的区别。特别是在设备不断更新换代的情况下，这种方法更为简便。一般来说，企业碳排放的主要核算方法为排放因子法，但在工业生产过程（如脱硫过程排放、化工生产企业过程排放等非化石燃料燃烧过程）中可视情况选择质量平衡法。

（3）实测法（基于测量）

实测法基于排放源实测基础数据，汇总得到相关碳排放量。这里又包括两种实测方法，即现场测量和非现场测量。

现场测量一般是在烟气自动监控系统（简称 CEMS）中搭载碳排放监测模块，通过连续监测浓度和流速直接测量其排放量；非现场测量是通过采集样品送到有关监测部门，利用专门的检测设备和技术进行定量分析。二者相比，由于非现场测量时采样气体会发生吸附反应、解离等问题，现场测量的准确性要明显高于非现场测量。

美国推广实测法的力度最高，早在 2011 年就开始了碳排放测量的强制安装：美国环保署在 2009 年《温室气体排放报告强制条例》中规定，所有年排放超过 2.5 万 tCO_2e 的排放源自 2011 年开始必须全部安装 CEMS 并在线上报美国环保署。

欧盟委员会自 2005 年启动欧盟碳排放交易系统并正式开展监测二氧化碳排放量，但目前 23 个国家中仅 155 个排放机组（占比 1.5%）使用了 CEMS，主要有德国、捷克、法国。

中国火电厂基本已安装了 CEMS，具备使用 CEMS 对二氧化碳排放量进行监测的基础。2021 年 5 月，国内首个电力行业碳排放精准计量系统在江苏省上线，在国内率先应用实测法进行碳排放实时在线监测核算。

6. 数据收集

由于范围三投融资活动支持对象的碳排放源一般并非核算企业拥有或控制，所以相应碳核算使用的数据收集方式来源于两类：一手数据和二手数据。

一手数据是投融资活动支持对象提供的数据，这些数据或以原始活动数据的形式提供，或以供应商计算的具体活动排放数据的形式提供。二手数据是非支持对象提供的数据，包括行业平均数据（来自已公开的数据库、政府统计、文献研究和行业协会）、财务数据、替代数据和其他通用数据。在某些情况下，金融机构可能会使用某项投资（融资）活动的具体数据来估算另一同类型活动的排放，这类型的数据（替代数据）并不是所计算活动排放的特定数据，往往也被认为是二手数据，二手数据一般来自公开渠道。

一般来说，金融机构应根据企业的商业目标、范围三活动的相对重要性、数据的可得性、可用数据的质量综合评估一手数据和二手数据的优先使用顺序。原则上，一手数据的质量较高且可得的情况下，优先采用一手数据；但若一手数据不可得或二手数据质量明显高于一手数据，或是需要了解金融机构各类投融资活动的相对水平以确定热点源时，宜选择二手数据。

（四）GHG Protocol 企业价值链核算方法要点

GHG Protocol 标准系列中的《温室气体核算体系：企业价值链（范围三）核算与报告标准（2011）》从全价值链角度核算报告公司范围三的碳排放，并将范围三涉及的经济活动分为 15 类，其中，第 15 类（投资）的温室气体核算方法对金融机构碳核算具有重要指导意义。

1. 资产核算范围与核算边界

GHG Protocol 标准涉及 4 类资产：股权投资、债务投资、项目融资、管理投资和客户服务。标准针对每一类投资的温室气体核算工作提出具体指导意见。表 4－3 为该标准中第 15 类（投资）温室气体的核算方法。

表 4－3　GHG Protocol 范围三第 15 类（投资）温室气体核算方法

<table>
<tr><th>金融投资/服务</th><th>说明</th><th>温室气体核算方法（要求）</th></tr>
<tr><td rowspan="2">股权投资</td><td>报告企业使用企业的自有资本和资产负债表进行股权投资，包括：
报告企业对其具有财务控制权的子公司（或集团公司）的股权投资（通常所有权高于 50%）；
报告企业对其具有明显影响但不具有财务控制权的联营公司（或关联公司）的股权投资（通常所有权为 20% ～50%）在合伙人具有共同的财务控制权的合资企业（不具法人身份的合资/合伙/运营）的股权投资</td><td>一般来说，金融服务行业的企业宜使用股权比例合并方法核算来自股权投资的范围一和范围二排放，以获得具有代表性的范围一和范围二清单；
若股权投资的排放未列入范围一和范围二中（因报告企业采用运营控制或财务控制合并方法，对投资对象没有控制权），在范围三第 15 类（投资）中核算报告年份发生的股权投资成比例的范围一和范围二排放</td></tr>
<tr><td>报告企业对排放实体既不具有财务控制权也没有重大影响（所有权一般低于 20%）时，由报告企业使用企业自有资本或资产负债表进行的股权投资</td><td>若未列入报告企业的范围一和范围二清单：在范围三第 15 类（投资）中核算发生在报告年份股权投资的成比例的范围一和范围二排放。企业可建立一个实质性门槛（例如 1% 股权），在这个门槛外根据披露和证明，企业可将投资排除在清单外</td></tr>
<tr><td>债权投资
（已知收益用途）</td><td>报告企业投资组合时持有的企业债权，包括企业债务工具（如债券或在转换之前的可转换债券）或商业贷款，且已知收益用途（即收益的使用被确定用于一个具体项目，如建造一家特定的电厂）</td><td rowspan="2">企业在投资期中每年都宜核算发生在报告年份的范围三第 15 类（投资）相关项目的成比例的范围一和范围二排放。另外，若报告企业是项目的最初发起人或债权人：还要核算报告年份相关融资项目的全部预期寿命范围一和范围二排放，并将这些排放在范围三以外单独报告</td></tr>
<tr><td>项目融资</td><td>报告企业作为股权投资人（发起人）或债权投资人（融资人）进行的项目的长期融资（如基础设施和工业项目）</td></tr>
<tr><td>债权投资
（未知收益用途）</td><td>在收益用途未确定的报告企业的投资组合中持有的一般企业用债券（比如债券或贷款）</td><td>企业可将投资对象的范围一和范围二排放核算在报告年份发生的范围三第 15 类（投资）中</td></tr>
</table>

资料来源：世界资源研究所、世界可持续发展工商理事会。

2. 碳排放计算方法

针对量化排放量方法，GHG Protocol 标准提出了直接测量法和计算法两种方法。实际中，采用较多的是计算法。直接测量法使用直接监测、质量平衡或化学计量法量化温室气体排放量，即

温室气体（GHG）= 排放数据 × 全球变暖潜能值（GWP）

计算法用活动数据乘以排放因子量化温室气体排放量，即

温室气体（GHG）= 活动数据 × 排放因子 × 全球变暖潜能值（GWP）

温室气体排放量需按照一定的分配原则分配给报告企业。在以下情景时需要进行分配：当单个设施或其他系统有多种产出，且只从整个设施或系统总体的范围内量化排放。在以上情景下，共同使用的设备或其他系统产生的排放需要分配给多种产出（或在其间划分）。在以下情景下无须分配：设施或其他系统仅有一种产出，或生产每种产出的排放是被单独量化的。

报告企业应尽量避免或减少分配，在分配不可避免的情况下，企业应首先确定设施或系统的总排放，然后选择最适当的分配排放量的方法和因子。企业宜选择的分配方法为：能最好地反映各产出的生产及其排放间的因果关系；能得到最准确和可靠的排放估算结果；能最好地支持有效的决策制定和温室气体减排活动；在其他方面遵循相关性、准确性、完整性、一致性和透明性原则。

针对范围三第 15 类（投资）分配原则为：依据企业在投资对象的股权和债权进行经济分配。

（五）《PCAF 金融标准》核算方法要点

《PCAF 金融标准》为金融机构提供详细的方法论来核算和披露 6 类资产相关的温室气体排放。

1. 资产核算范围与核算边界

资产核算覆盖股票与债券、商业贷款与非上市公司股权、项目融资、商业地产、抵押贷款、汽车贷款6类金融资产。资产核算边界为投融资客户范围一与范围二的排放，范围三采取不同行业分阶段逐步纳入的做法。2021年首批纳入核算的行业包括石油、天然气、采矿业，2024年将覆盖至交通、建筑、材料和工业生产行业，2026年之后将实现全覆盖。

2. 碳排放计算方法

《PCAF金融标准》针对不同金融资产在使用不同类型数据的情况下制定了相应的碳排放计算方法。

金融机构对资产的碳核算以该资产自身年度碳排放乘以分配因子确定，一般的计算公式为：

金融机构（金融支持）产生的碳排放（Financed emissions） = $\sum_{i=1}^{n}$ 单个资产的归集因子（Attribution $factor_i$） ×单个资产碳排放量（$Emissions_i$）

归集因子（Attribution factor）一般公式：

单个资产归集因子（Attribution $factor_i$） =余额（Outstanding amount）/对应总额（Numerator）

各类金融资产碳核算方法具体如表4-4所示。

表4-4　　PCAF金融资产碳核算方法

序号	资产类别	未偿金额（分子）		对应总额（分母）		
		债权类	权益类	（1）用含现金企业价值（EVIC）	（2）总权益+总负债	（3）具体资产价值
1	上市股权	✓	✓	✓		
	非上市公司债券	✓			✓	
2	上市企业商业贷款	✓		✓		
	非上市企业商业贷款和股权	✓			✓	

续表

序号	资产类别	未偿金额（分子）		对应总额（分母）		
		债权类	权益类	(1) 用含现金企业价值（EVIC）	(2) 总权益+总负债	(3) 具体资产价值
3	项目融资	✓			✓	
4	商业地产	✓	✓			✓
5	抵押贷款	✓				✓
6	汽车贷款	✓				✓

资料来源：孙天印，祝韵．金融机构碳核算的发展现状与建议［J］．清华金融评论，2021（4）．

（六）我国金融机构碳核算方法要点

我国金融机构碳核算主要参考《金融机构碳核算技术指南（试行）》（以下简称《技术指南》）。《技术指南》是我国第一个专属于金融机构的碳核算方法，也是全球首个由中国人民银行下发的金融机构碳排放核算指南性文件，旨在帮助金融机构核算自身及其投融资业务相关的碳排放量。《技术指南》明确了金融机构投融资业务的核算要求、流程、数据采集方式、质量保证措施等，为形成统一、透明的碳排放核算方法奠定了基础。

1.《技术指南》碳排放核算要求及方法

《技术指南》中碳核算及减排量测算方法包括项目融资和非项目融资的碳排放和碳减排核算方法。项目融资业务、非项目融资业务核算流程、核算对象、核算方法及数据收集情况说明如表4－5所示。

表4－5　《技术指南》碳排放核算要求

要求	项目融资业务	非项目融资业务
核算流程	确定投融资业务的类型，包括项目融资业务及非项目融资业务（如流动资金贷款）； 确定各类投融资业务下的全部核算对象； 收集和验证各个核算对象的碳排放数据； 汇总计算各类投融资业务的碳排放总量	

续表

要求	项目融资业务	非项目融资业务
核算对象	报告期内，运行时间不足 30 天的项目碳排放不纳入核算； 相关项目在境外的碳排放不纳入核算	报告期内，融资业务存续期不足 30 天或月均融资额少于 500 万元的融资主体的碳排放不纳入核算； 报告期内，符合小型、微型企业标准的融资主体以及个人、个体工商户等融资主体的碳排放不纳入核算； 融资主体在境外的碳排放不纳入核算
核算方法	$E_{项目业务} = E_{项目} \times \frac{V_{投资}}{V_{总投资}}$	$E_{非项目业务} = E_{主体} \times \frac{V_{融资}}{V_{收入}}$
数据收集	项目碳排放核查报告。对于其他类型项目，金融机构应要求项目/非项目融资主体提供符合相关标准、技术指南等要求的项目碳排放核算数据，用于汇总计算碳排放量	

金融机构碳核算的重点包括三个方面：一是将金融机构投融资活动的碳排放量和碳减排量纳入核算。《技术指南》针对金融机构投融资业务的不同特点，分别制订了金融机构项目融资业务和非项目融资业务的碳核算方法。二是主要核算二氧化碳而非全部温室气体。三是核算达到一定条件的投融资活动对应的碳排放量和碳减排量，如对存续期、月均投资额、融资主体规模等设定前提条件。

2. 其他相关标准要求及方法

证券公司碳信息披露要求。2021 年 6 月，证监会公布修订后的《公开发行证券的公司信息披露内容与格式准则第 2 号——年度报告的内容与格式（2021 年修订)》《公开发行证券的公司信息披露内容与格式准则第 3 号——半年度报告的内容与格式（2021 年修订)》。新的变化之一是提出“鼓励公司自愿披露在报告期内为减少其碳排放所采取的措施及效果”。为更好地披露企业为减少碳排放所采取的措施和效果，企业应该披露所采取措施的相关量化指标，以及量化的效果，尤其是碳减排量。

重点排污企业碳信息披露要求。生态环境部2021年底颁布的《企业环境信息依法披露管理办法》明确提出，符合要求的相关企业要披露碳排放信息，包括排放量、排放设施等方面的信息。2022年，生态环境部发布《企业环境信息依法披露格式准则》，进一步细化企业环境信息依法披露内容，要求纳入碳排放权交易市场配额管理的温室气体重点排放单位，应当具体披露年度碳实际排放量及上一年度实际排放量、配额清缴情况。推进企业环境信息依法披露，为金融机构测算项目的碳排放量，评估项目的气候环境风险，引导金融资产投向低碳产业以及促进经济绿色低碳转型奠定良好基础。

湖州市碳排放计量方法。《湖州市银行信贷碳排放计量方法指南》主要适用于湖州市当地银行对公信贷碳核算，其中同样分为项目贷款和流动性贷款两类。项目贷款碳排放的分配系数为核算银行对项目的贷款余额占项目总投资的比例，流动性贷款的分配系数为核算银行对企业的贷款余额占企业总资产的比例。

二、气候投融资碳核算方法通则

（一）核算边界

核算边界确定是碳核算的第一步也是关系核算结果非常重要的一环。中国人民银行发布的《金融机构碳核算技术指南（试行）》对核算边界的确定主要是参考《工业企业温室气体排放核算和报告通则》（GB/T 32150—2015）的流程和要求，即具有温室气体排放行为的法人企业或视同法人的独立核算单位的生产经营活动所产生的相关温室气体排放。同时提到在数据可得且碳排放量显著的情况下，金融机构可将其运行和活动带来的显著的间接排放（如交通、使用的产品、与使用的产品相联系的碳排放、大型活动等）纳入核算，相当于 GHG Protocol 中的范围三。

参考国内外核算标准，本报告核算边界将按照财务控制合并方法确定。

金融机构拥有 50% 以上股权的被投资企业（属于金融机构对其能够实施控制的企业或者是子公司，财务上对其按照成本法核算的情况），碳排放 100% 纳入金融机构核算和报告范围。在此情境下，被控股企业的范围一、范围二排放分别纳入金融机构的范围一、范围二，被控股企业的范围三排放纳入金融机构范围三范畴。

金融机构持有股权小于 50% 的被投资企业（属于金融机构对其共同控制或重大影响，财务上对投资标的按权益法核算的情况，以及权益类股权投资业务），碳排放按归集因子纳入金融机构范围三投融资活动碳排放范畴。

（二）核算目的

核算目的包括以下几项。明确与金融机构股权、债权相关投资活动的温室气体排放相关风险；确定股权、债权相关投资活动温室气体减排机会，以便设置相应的减排目标和追踪排放情况；推动供应链相关主体参与温室气体管理；便于通过公开报告，如环境信息披露报告等形式，对金融机构股权或债权投资活动碳排放情况进行披露，提供给利益相关方有关信息，增加企业声誉。

（三）核算原则

金融机构股权、债权、项目投融资及托管投资和客户服务等温室气体核算原则参考 GHG Protocol 中五项原则，即相关性、完整性、一致性、透明性及准确性。此外，有以下几个方面需要说明：

一是注意组织边界和核算时间问题。考虑我国对控股公司财务报表合并的处理，核算组织边界与财务报表合并保持一致；资金核算的时间与排放核算的时间保持一致。

二是考虑可操作性问题。结合目前我国碳排放数据统计现状，考虑数据获取时间成本、经济成本，核算精确度将遵循可操作性原则，对于重点行业的股权、债权投资，建议采用更为精确的核算方法。对于一般行业的股权、债权投资，建议采用更低成本的方式进行估算，适度降低精度，提升可操作性。

三是测算方法和测算因子选取问题。核算方法、测算因子的选取上应考虑科学性和准确性，确保核算数据可核证、可比较，结合我国实际情况确定。

（四）核算步骤

金融机构股权、债权投资活动的碳核算一般不会单独开展，往往是与金融机构开展自身运营活动及投融资活动碳排放核算同时进行。即使是因为某种特殊目的单独开展此部分核算，核算步骤基本相同：确定核算目的—确定核算原则—确定核算边界—明确分别纳入范围一、范围三核算的活动—收集数据—核算及分配排放—获得核算结果。

（五）核算方法

拥有50%以上股权的控股企业，其范围一、范围二碳排放按照《工业企业温室气体排放核算和报告通则》（GB/T 32150—2015）核算，核算结果全部计为金融机构范围一、范围二，其范围三碳排放则参照金融机构碳核算方法进行核算。

对于50%以下股权的投资活动及债权投资活动碳排放核算一般计算公

式如下：

$$金融机构投融资组合的碳排放 = \sum 资金归集因子 \times 投资标的碳排放（企业或项目）$$

投资标的：对于不同类别的投融资活动，投资标的可能有所差异；但从碳排放的角度来看，投资标的均可最终通过一系列的过程追踪至实体的企业或项目。企业和项目碳排放是核算投融资活动碳排放的基础和依据，对于企业或项目的排放，一般是指其范围一和范围二的排放。

资金归集因子：是指投资标的碳排放归集于具体金融机构投融资的部分，资金归集因子确定的核心原则是基于资金占比的原则，即“following the money”（跟踪资金）原则，但资金归集因子对于不同类别的投融资产品有所差异。金融机构的投融资活动有多种类别。投融资活动的类别不同，在碳排放核算时，资金归集因子和被投标的碳排放核算范围有所差异。结合国内金融机构投融资活动的类别，开展以下业务类别碳核算方法研究：股权投资：股权比例小于50%的投融资活动；债权投资：已知收益用途和未知收益用途的债权投资。

对于上述各类金融资产核算边界的确定以及核算方法的总结具体见表4-6。

表4-6　　金融机构股权、债权投资活动核算说明

金融投资	核算说明	核算方法（要求）
股权投资	金融机构使用自有资本或资产负债表进行的股权投资，包括： 金融机构对其有重大影响力，但没有财务控制权的上市及非上市公司（股权比例通常为20%～50%）； 金融机构对其无财务控制权，也无重大影响的上市及非上市公司（股权比例通常不足20%）； 项目类股权，金融机构作为股权投资人（发起人）进行的项目长期融资活动	核算或获取报告年内股权投资标的的（企业或项目）的碳排放量（范围一＋范围二）； 投资标的的排放量（范围一＋范围二）按归集因子比例纳入金融机构范围三

续表

金融投资	核算说明	核算方法（要求）
债权投资	未知用途的债权投资： 金融机构持有的一般企业用途的债权（如债券或贷款），其收益用途不能确定	核算或获取报告年内债权投资标的（企业）的碳排放量（范围一+范围二）； 投资标的排放量（范围一+范围二）按归集因子比例纳入金融机构范围三
	已知用途的债权投资： 金融机构持有的企业债权，包括已知收益用途（收益用途被确定用于特定项目，如建造特定电厂）的公司债务工具（如债券或转换前的可转换债券）或贷款；或金融机构作为债权发起人进行的项目长期融资活动	核算或获取报告年内债权投资标的（项目）的碳排放量（范围一+范围二）； 投资标的排放量按归集因子比例纳入金融机构范围三

三、股权和债权投资碳核算方法

（一）股权投资碳核算方法探索

1. 上市股权

股权投资碳排放量指报告期末投资标的碳排放归因于金融机构股权投资部分，即按照金融机构持有股权市场价值占投资标的含现金企业价值（EVIC）比例归因。金融机构持有股权市场价值占投资标的含现金企业价值（EVIC）比例为归集因子。报告期末指日历年末（财年末）数值。上市股权投资碳排放核算公式如下：

$$\text{上市股权投资排放量} = \frac{\text{持股市场价值}}{EVIC} \times \text{投资标的碳排放量} \quad (4.1)$$

对于持有多项上市公司股权的合并，按照如下公式进行合并：

$$\text{上市股权投资排放量合计} = \sum_{C=1}^{n} \frac{\text{持股市场价值}_C}{EVIC_C} \times \text{投资标的碳排放量}_C \tag{4.2}$$

式（4.1）和式（4.2）中，持股市场价值指报告期末金融机构持有投资标的的股份数量与每股市场价值的乘积。*EVIC* 指投资标的公司含现金企业价值，包括财年末普通股的市值、财年末优先股的市值以及总债务和少数股东权益的账面价值之和。不扣除现金或现金等价物，以避免企业价值出现负值的可能性。如无法得到该数值，也可暂用总资产代替。投资标的碳排放量指金融机构投资的企业碳排放量，可通过三种途径获取：披露数据收集法、能源活动转化法、经济活动转化法。

披露数据收集法指收集投资标的披露的碳排放量数据，包括投资标的的范围一、范围二排放量。收集途径包括被投资公司的 ESG 报告、社会责任报告、环境信息披露报告及其他相关的公开发布的报告，或通过经验证的第三方数据提供商（如 CDP、Bloomberg News、MSCI、Sustainallytics、Standard & Poor's/Trucost 和 ISS ESG）间接收集的数据，然后按照归集因子分配给金融机构。

能源活动转化法指根据投资标的的能源活动数据，通过排放因子转化为碳排放量。能源活动相关数据的收集包括投资标的能源消耗台账、燃料技术说明、燃料清单等文件，或投资标的披露的能耗统计数据的报告、ESG 报告、社会责任报告等。该方法中准确获得排放因子是核心，排放因子的获取包括实测法和缺省值法。对于整体数据质量较高的行业（如火电行业），国内碳市场鼓励重要的排放因子参数采用企业实测值，其他数据质量较低的行业排放因子参数可采用缺省值。缺省值的参考值一般会在对应的温室气体排放核算与报告要求文件中进行补充，如《工业其他行业企业温室气体排放核算方法与报告指南（试行）》附录二提供了常见化石燃料特性参数缺省值数据。

经济活动转化法指根据投资标的的投入/产出数据或其他经济数据（如产值数据）转化为碳排放量数据。该类数据的收集来源包括投资标的的财务报告、各类年报等。国内目前还没有可商用的该类数据库。中节能集团下属中节能衡准科技服务（北京）有限公司基于多种商用数据库的整合，获得了国民经济行业的经济活动碳排放因子，用于快速估算各行业的碳排放情况。

2. 非上市股权

股权投资碳排放量指报告期末投资标的的碳排放归因于金融机构股权投资部分。归集因子为金融机构持有的非上市公司股权的未偿还价值占非上市公司总资产的比例。报告期末指日历年末（财年末）数值。

非上市股权投资碳排放核算公式如下：

$$\text{非上市股权投资排放量} = \frac{\text{未偿还价值}}{\text{总资产}} \times \text{投资标的的碳排放量} \quad (4.3)$$

对于持有多项非上市公司股权的合并，按照如下公式进行合并：

$$\text{非上市股权投资排放量合计} = \sum_{C=1}^{n} \frac{\text{未偿还价值}_C}{\text{总资产}_C} \times \text{投资标的的碳排放量}_C \quad (4.4)$$

式（4.3）和式（4.4）中，未偿还价值指金融机构在被投资标的的企业中占有的相对份额乘以投资标的的总权益。总资产指投资标的的公司财年末总债务和总权益的账面价值之和，即总资产。投资标的的碳排放量同式（4.2）中“投资标的的碳排放量”定义及数据来源。

（二）债权投资碳核算方法探索

1. 未知用途类债权

债权投资活动碳排放量指报告期末投资标的的碳排放归因于金融机构债

权投资部分（以债券为例，其他债权类资产相同）。归集因子为未偿金额占被投资企业总资产的比例。报告期末指日历年末（财年末）数值。碳排放量计算公式如下：

$$\text{债权投资排放量} = \frac{\text{未偿金额}}{\text{总资产}} \times \text{投资标的碳排放量} \tag{4.5}$$

对于持有多家公司债权的合并，按照如下公式进行合并：

$$\text{债权投资排放量合计} = \sum_{C=1}^{n} \frac{\text{未偿金额}_C}{\text{总资产}_C} \times \text{投资标的碳排放量}_C \tag{4.6}$$

未知用途类债权指金融机构持有的一般企业用途的债券，其收益用途不能确定，一般用于补充企业运营资金需求。

式（4.5）和式（4.6）中，未偿金额指报告期末借款企业对金融机构未偿还的债务余额。总资产指借款企业报告期末财务报表显示的总资产。投资标的碳排放量同式（4.2）中“投资标的碳排放量”定义及数据来源。

2. 已知用途类债权

已知用途类债权指金融机构报告期末持有已知收益用途被确定用于特定项目（如建造特定电厂）的公司债务工具（如债券或转换前的可转换债券）。

$$\text{债权投资排放量} = \frac{\text{未偿金额}}{\text{总投资}} \times \text{投资标的碳排放量} \tag{4.7}$$

对于持有多家公司债权的合并，按照如下公式进行合并：

$$\text{债权投资排放量合计} = \sum_{C=1}^{n} \frac{\text{未偿金额}_C}{\text{总投资}_C} \times \text{投资标的碳排放量}_C \tag{4.8}$$

式（4.7）和式（4.8）中，未偿金额指报告期末被投项目对金融机构的未偿还的债务余额。总投资指项目开始阶段，根据被投项目可行性研究报告显示的项目总投资。项目运行后，项目将报告其财务状况，总投资可换成总资产。

投资标的碳排放量根据项目建设、运营所处阶段不同，排放量有较大差异。当项目处于建设期，由于项目一般由建筑公司建造，项目建造和设备、材料等采购及服务的排放通常在投资方（开发商）的范围三下报告，一方面这些排放量通常不大，另一方面数据可能较难获得且投资方未报告。这两种情况下，可以不对此部分进行报告。只有当这些排放具有其他特殊意义时可进行核算并报告。

如果金融机构是项目的初始投资者，则应评估该项目建成达产后每年预计范围一和范围二的排放量，并将其在金融机构范围三中报告。项目建成后预计年度排放量可根据项目可行性研究报告披露数据，或项目建成后经济活动数据，或可行性研究报告中关于项目预期负荷系数和所消耗各类能源数据及其含碳量等，按照上述能源活动转化法进行核算。

四、项目融资、托管投资和客户服务碳核算方法

（一）项目融资碳核算方法

该资产指金融机构报告期内金融机构作为股权投资人（发起人）或债权投资人（融资人）进行的项目的长期融资活动。金融机构应在此项目投资首年至竣工当年核算并报告，以项目全部预期生命周期内碳排放量为基数的投资金额占总投资比例的归因值，并在范围三外单独报告；项目投产后，金融机构应核算并报告两部分，一是纳入范围三报告部分，需核算以当年实际碳排放量为基数的未偿金额占总投资比例的归因值，并纳入金融机构范围三，直至未偿金额为零年；二是范围三外单独报告部分，需核算以剩余生命周期内碳排放量为基数的未偿金额占总投资比例的归因值，并在范围三外单独报告，直至未偿金额为零年。

项目类股权或债权投资碳排放核算方法如下：

$$项目建设期投资排放量 = \frac{未偿金额}{总投资} \times 投资标的全部预期生命周期碳排放量 \tag{4.9}$$

对于持有多个项目股权或债权的合并，按照如下公式进行合并：

$$项目建设期投资排放量合计 = \sum_{C=1}^{n} \frac{未偿金额_C}{总投资_C} \times 投资标的全部预期生命周期碳排放量_C \tag{4.10}$$

$$项目运营期投资排放量 = \frac{未偿金额}{总投资} \times 投资标的剩余预期生命周期碳排放量 \tag{4.11}$$

对于持有多个项目股权或债权的合并，按照如下公式进行合并：

$$项目运营期投资排放量合计 = \sum_{C=1}^{n} \frac{未偿金额_C}{总投资_C} \times 投资标的剩余预期生命周期碳排放量_C \tag{4.12}$$

式（4.11）和式（4.12）为范围三外单独报告部分。

$$项目运营期投资排放量 = \frac{未偿金额}{总投资} \times 报告当年投资标的碳排放量 \tag{4.13}$$

对于持有多个项目股权或债权的合并，按照如下公式进行合并：

$$项目运营期投资排放量合计 = \sum_{C=1}^{n} \frac{未偿金额_C}{总投资_C} \times 报告当年投资标的碳排放量_C \tag{4.14}$$

式（4.13）和式（4.14）为纳入范围三报告部分。

式（4.9）~式（4.14）中未偿金额指金融机构在项目中持有的股权或债权未偿金额。由于项目建设期不偿还金融机构资金，因此，建设期第一年未偿金额为第一年以股权或债权形式投入的金额，建设期第二年未偿金额为第一年和第二年以股权或债权形式投入的金额，以此累计，直至建设期结束，达到金融机构预期总投入资金金额。运营期未偿金额指扣除项目主体偿还金融机构部分资金后剩余资金。

总投资指被投项目可行性研究报告显示的项目总投资。

投资标的全部预期生命周期碳排放量是指金融机构是项目的初始投资者，应核算项目全部预期生命周期内的碳排放量，并将其在金融机构范围三外单独报告，全部预期生命周期内碳排放量可根据项目可行性研究报告披露数据，或可行性研究报告中项目建成后预期经济活动数据，按照经济活动转化法进行全部预期生命周期内测算；或可行性研究报告中关于项目预期负荷系数和所消耗各类能源数据及其含碳量等，按照能源活动转化法进行全部预期生命周期内核算。如项目建设期碳排放量比较大，且较容易获取，则全部预期生命周期碳排放量为建设期与运营期碳排放量之和。

投资标的剩余预期生命周期碳排放量是指项目全部预期生命周期年均碳排放量与剩余预期生命周期年数的乘积。以上符合“遵循资金”原则，同时符合归因规则，项目建设期及运营初期的大部分排放归因于债务（资金提供方），但随着债务（资金）得到偿还，越来越多的排放归因于项目业主。

报告当年投资标的碳排放量是指项目投产后，应核算当年项目碳排放量，可根据项目可行性研究报告披露数据测算年均碳排放量，或可行性研究报告中项目建成后预期经济活动数据，按照经济活动转化法进行年均碳排放量测算；或可行性研究报告中关于项目预期负荷系数和所消耗各类能源数据及其含碳量等，按照能源活动转化法进行年均碳排放量核算。

（二）托管投资和客户服务碳核算方法

托管投资和客户服务是间接提供融资服务，一般指表外的、不直接向客户提供资金而是通过协助或间接的方式促成融资的业务。此类业务在核算碳排放时拟采用的方法与PCAF中6类资产类别的整体思路一致，即归集因子与投资标的碳排放量相乘。其中，归集因子的分子部分需考虑促成融资业务碳排放的权重及不同促成人之间的责任分配问题。

权重部分目前考虑两种算法，一种为100%权重法，即促成融资业务的碳排放与直接提供融资业务的碳排放完全一致；另一种算法为使用全球系统重要性银行对整个金融体系中开展促成融资活动的相对重要性的比率（目前为17%）作为权重，即G－SIB方法。针对不同促成人之间的责任分配问题，建议采用第三方提供的责任排名表数据（一般为占比）决定各促成人的承担比例。间接提供融资业务的碳排放核算方法如下：

$$\text{促成的碳排放量} = \frac{\text{促成的融资金额}}{\text{总资产或}\ EVIC} \times \text{投资标的碳排放量} \tag{4.15}$$

$$\text{促成的融资金额} = \text{责任排名表划分的比例} \times \text{间接融资金额} \times \text{加权因子}(100\%\ \text{加权或}\ G-SIB\ \text{法}) \tag{4.16}$$

$$\text{促成的碳排放量合计} = \sum_{C=1}^{n} \frac{\text{促成的融资金额}_C}{\text{总资产或}EVIC_C} \times \text{投资标的碳排放量}_C \tag{4.17}$$

式（4.15）～式(4.17）中，促成的融资金额指报告期末金融机构间接融资金额与责任排名表划分的比例以及加权因子（100%或17%）的乘积。

总资产指借款企业财年末总资产（非上市公司采用此值）。

EVIC指投资标的企业含现金企业价值，包括财年末普通股的市值、财年末优先股的市值以及总债务和少数股东权益的账面价值之和（上市公司采用此值）。

投资标的碳排放量同式（4.2）中“投资标的碳排放量”定义及数据来源。

五、碳核算案例

（一）股权投资碳核算案例

1. 案例：上市股权投资——披露数据收集法

报告公司为一家证券公司。2021 年末，该公司持有 6 家上市公司股票，股权持有比例均小于 1%，根据核算边界确定原则，6 家上市公司范围一、范围二碳排放量均纳入该证券公司范围三碳排放范畴。2021 年末，证券公司持有股权市场价值、投资标的公司 EVIC 及碳排放量披露数值情况如表 4－7 所示。

表 4－7　　　报告公司 2021 年末持股及投资标的碳排放量

投资标的公司	持股市场价值（万元）	被持股公司 EVIC（万元）	被持股公司碳排放量（吨二氧化碳当量）
公司 A	1 810	51 674 453	3 151 974.00
公司 B	592	1 226 348 223	179 529.31
公司 C	559	89 850 777	519 600.00
公司 D	2 067	5 562 829	97 000.00
公司 E	258	7 268 845	73 659.00
公司 F	2	3 528 057	187 034.92

注：投资标的公司 2021 年度碳排放量数据来自该公司社会责任报告。

依据式（4.2）报告公司 2021 年持有的股权投资碳排放量（范围三）为：

$$
\begin{aligned}
\text{上市股权投资排放量合计} &= \sum_{C=1}^{n} \frac{\text{持股市场价值}_C}{EVIC_C} \\
&\quad \times \text{投资标的碳排放量}_C \\
&= (1\ 810 \div 51\ 674\ 453) \times 3\ 151\ 974.00 \\
&\quad + (592 \div 1\ 226\ 348\ 223) \\
&\quad \times 179\ 529.31 + (559 \div 89\ 850\ 777) \\
&\quad \times 519\ 600.00 + (2\ 067 \div 5\ 562\ 829) \\
&\quad \times 97\ 000.00 + (258 \div 7\ 268\ 845) \\
&\quad \times 73\ 659.00 + (2 \div 3\ 528\ 057) \times 187\ 034.92 \\
&\approx 110.40 + 0.09 + 3.23 + 36.04 \\
&\quad + 2.61 + 0.11 \\
&= 152.48(\text{吨二氧化碳当量})
\end{aligned}
$$

2. 案例：非上市股权投资——经济活动转化法

某金融机构是一家投资银行，持有 3 家公司的股份，但所持股公司为非上市公司，无法收集所持股公司 2021 年碳排放量。该金融机构决定采用经济活动转化法对股权投资业务进行碳排放核算。各家公司收集到数据如表 4－8 所示。

表 4－8　　　　碳核算所需 2021 年数据汇总表

被投资公司	未偿还价值（万元）	总资产（万元）	年产值（万元）	被投资公司所属行业	行业排放因子（含范围一和范围二）（吨二氧化碳当量/万元）
公司 A	1 500	50 000	130 000	通信设备制造	0.007
公司 B	11 250	120 000	200 000	医药制造	0.091
公司 C	1 150	20 000	85 000	仪器仪表制造	0.019

注：各行业排放因子（含范围一和范围二）应依据可获取的经济活动数据取值。

依据式（4.4）报告公司 2021 年持有的非上市股权公司碳排放量如下：

$$
\begin{aligned}
\text{非上市股权投资排放量合计} &= \sum_{C=1}^{n} \frac{\text{未偿还价值}_C}{\text{总资产}_C} \\
&\quad \times \text{投资标的碳排放量}_C \\
&= 1\,500 \div 50\,000 \times 130\,000 \times 0.007 \\
&\quad + 11\,250 \div 120\,000 \times 200\,000 \\
&\quad \times 0.091 + 1\,150 \div 20\,000 \\
&\quad \times 85\,000 \times 0.019 \\
&\approx 27.30 + 1\,706.25 + 92.86 \\
&= 1\,826.41\text{（吨二氧化碳当量）}
\end{aligned}
$$

（二）债权投资碳核算案例

1. 案例：未知用途类——披露数据收集法

报告公司为一家证券公司。2021 年末，该公司自营资金持有 6 家发行人发行的债券。发行人均为上市公司，其 2021 年碳排放量数据通过社会责任报告、ESG 报告及可持续发展报告获得。其中，2021 年末证券公司债券持仓余额即为发行人未偿金额（见表 4－9）。

表 4－9　　碳核算所需 2021 年数据汇总

发行人名称	债券持仓余额（万元）	债券发行人总资产（万元）	碳排放量（吨）
公司 A	5 000	860 302 400	41 956.16
公司 B	5 000	3 025 397 900	1 643 454.48
公司 C	1 000	1 166 575 700	97 527.63
公司 D	6 000	2 672 240 800	1 534 060.00
公司 E	5 000	1 258 787 300	179 529.31
公司 F	10 000	228 672 300	16 755.83

依据式（4.6），核算报告公司 2021 年持有债券碳排放量如下：

$$\text{债权投资排放量合计} = \sum_{C=1}^{n} \frac{\text{未偿金额}_C}{\text{总资产}_C} \times \text{投资标的碳排放量}_C$$

$$= 5\,000/860\,302\,400 \times 41\,956.16 + 5\,000/3\,025\,397\,900 \times 1\,643\,454.48 + 1\,000/1\,166\,575\,700 \times 97\,527.63 + 6\,000/2\,672\,240\,800 \times 1\,534\,060.00 + 5\,000/1\,258\,787\,300 \times 179\,529.31 + 10\,000/228\,672\,300 \times 16\,755.83$$

$$\approx 0.24 + 2.72 + 0.08 + 3.44 + 0.71 + 0.73$$

$$= 7.92\text{(吨二氧化碳当量)}$$

2. 案例：已知用途类——经济活动转化法

报告公司是一家投资银行，2021 年对 3 个特定项目进行债务投资。由于时间和资源限制，其决定不与被投资公司接洽，而希望使用经济活动法估算排放量，进而核算其 2021 年已知用途类债权资产碳排放量。报告公司表示，未来几年将考虑从投资标的获得相关数据（见表 4 – 10）。

表 4 – 10　　报告公司碳核算所需 2021 年数据汇总

项目名称	项目阶段	项目建成达产后年产值（万元）	项目所属行业	排放因子（仅范围一和范围二排放）（吨二氧化碳当量/万元）	债务投资未偿金额占总投资比例（%）
项目 A	建设	154.00	房屋建筑业	0.032	7
项目 B	建设	61.60	房屋建筑业	0.032	10
项目 C	运营	23.10	造纸厂	0.306	5

依据式（4.8）核算报告公司 2021 年持有该类资产碳排放量如下：

$$\text{债权投资排放量合计} = \sum_{C=1}^{n} \frac{\text{未偿金额}_C}{\text{总投资}_C} \times \text{投资标的碳排放量}_C$$

$$=7\% \times 154 \times 0.032 + 10\% \times 61.6 \times 0.032 + 5\% \times 23.1 \times 0.306$$

$$\approx 0.34 + 0.20 + 0.35$$

$$=0.89$$（吨二氧化碳当量）

（三）项目投融资碳核算案例

某金融机构是一家大型综合金融控股集团，2021 年作为初始投资人对某“以大代小”热电联供 2×300 兆瓦（MW）机组扩建项目提供信贷支持。项目总投资为 275 157 万元，建设期 21 个月，银行贷款 185 000 万元，分两年投入，每年贷款 92 500 万元。从项目可行性研究报告可知项目建成后每年二氧化碳排放量 243.19 万吨，此电厂预计使用寿命 35 年。由于未拿到此项目运营期每年贷款偿还数据，暂不对运营期投资产生的二氧化碳排放量进行核算（见表 4-11）。

表 4-11　报告公司碳核算数据汇总

建设期第一年金融机构贷款（万元）	建设期第二年金融机构贷款（万元）	项目总投资（万元）	项目建成后每年二氧化碳排放量（万吨/年）
92 500	92 500	275 157	243.19

根据式（4.9）核算项目建设第一年，金融机构投资带来的碳排放量为：

$$\text{项目建设期股权投资排放量} = \frac{\text{未偿金额}}{\text{总投资}} \times \text{投资标的全部预期生命周期碳排放量}$$

$$=(92\,500 \div 275\,157) \times 243.19 \times 35$$

$$\approx 2\,861.38$$（万吨二氧化碳当量）

根据式（4.9）核算项目建设第二年，金融机构的未偿金额增加至 185 000万元，其投资带来的排放量也相应增加，其值为：

$$项目建设期股权投资排放量 = \frac{未偿金额}{总投资} \times 投资标的全部预期生命周期碳排放量$$
$$= 185\ 000/275\ 157 \times 243.19 \times 35$$
$$= 5\ 722.75（万吨二氧化碳当量）$$

（四）托管投资和客户服务碳核算案例

由于目前尚未有实际案例，此处结合 PCAF 2022 年发布的《2022 年促成排放拟议方法》中案例进行说明。

两个金融机构促成者支持上市公司在债券市场融资，融资总额为 2 亿美元。该上市公司的企业价值（含现金）为 20 亿美元。该公司报告其在过去一年的排放量为 100 万吨二氧化碳当量，分别使用 100% 权重和 17% 权重测算协助融资的碳排放量（见表 4－12 和表 4－13）。

根据式（4.17），使用 100% 权重法核算两家金融机构促成上市公司融资进而给两家金融机构带来碳排放量为：

表 4－12　　100%权重法核算数据汇总

金融机构	责任排名比重（%）	金融机构促成融资金额（亿美元）
金融机构 1	60	1.20
金融机构 2	40	0.80

金融机构 1 促成碳排放量测算如下：

$$促成的碳排放量合计 = \sum_{C=1}^{n} \frac{促成的融资金额_C}{总资产或EVIC_C} \times 投资标的碳排放量_C$$
$$= (2 \times 60\% \times 100\%) \div 20 \times 100$$
$$= 6（万吨二氧化碳当量）$$

金融机构 2 促成碳排放量测算如下：

$$促成的碳排放量合计 = \sum_{C=1}^{n} \frac{促成的融资金额_C}{总资产或EVIC_C} \times 投资标的碳排放量_C$$

$$= (2 \times 40\% \times 100\%)/20 \times 100$$

$$= 4(\text{万吨二氧化碳当量})$$

根据式（4.17），使用 G－SIB 方法核算两家金融机构促成上市公司融资进而给两家金融机构带来碳排放量为：

表 4－13　　G－SIB 方法 17%权重法核算数据汇总

金融机构	责任排名比重（%）	金融机构促成融资金额（亿美元）
金融机构 1	60	0.204
金融机构 2	40	0.136

金融机构 1 促成碳排放量测算如下：

$$\text{促成的碳排放量合计} = \sum_{C=1}^{n} \frac{\text{促成的融资金额}_C}{\text{总资产或}EVIC_C} \times \text{投资标的碳排放量}_C$$

$$= (2 \times 60\% \times 17\%)/20 \times 100$$

$$= 1.02(\text{万吨二氧化碳当量})$$

金融机构 2 促成碳排放量测算如下：

$$\text{促成的碳排放量合计} = \sum_{C=1}^{n} \frac{\text{促成的融资金额}_C}{\text{总资产或}EVIC_C} \times \text{投资标的碳排放量}_C$$

$$= (2 \times 40\% \times 17\%)/20 \times 100$$

$$= 0.68(\text{万吨二氧化碳当量})$$

第五章　气候投融资地方项目库建设与实施

为深入贯彻落实党中央、国务院关于碳达峰、碳中和的重大战略决策，探索差异化的气候投融资体制机制、组织形式、服务方式和管理制度，地方政府在推动气候投融资工作中发挥着重要作用，是气候投融资的重要参与主体之一。国家鼓励试点地区对标国家气候投融资项目库，培育本区域气候投融资项目，打造气候项目和资金的信息对接平台，引导和支持先进低碳技术发展，引导金融机构按照市场化原则对入库项目提供更加优质的金融服务。

同时，国家针对气候投融资试点地方气候投融资项目在总体要求、项目范围和类型及评价指标等方面制定了参考标准。其中，地方气候投融资项目要遵循重点性、科学性、可比性、可操作性和动态调整原则。入库项目包括减缓气候变化类项目和适应气候变化类项目，减缓气候变化类项目类别及该类别与现有其他相关标准的对应关系，可参考《气候投融资项目分类指南》（TCSTE 0061—2021）；适应气候变化类项目类别参考《国家适应气候变化战略 2035》。在此基础上，评价指标设置分为约束指标和参考指标。其中，约束指标包括项目类别符合性、项目合规性、项目气候效益显著性等，入库项目应满足所有约束指标。参考指标不作为项目是否入库的必要评价指标，地方结合区域发展情况选择性设置，以满足不同类别资金和政策对接的需求。参考指标包括项目经济性、项目社会效益和环境协同效益等。

因此，地方应根据参考标准制定合理的项目库建设思路、评估指标体系和动态管理机制，以期基本形成有利于气候投融资发展的政策环境，培育一批气候友好型市场主体，探索一批气候投融资发展模式，打造若干个气候投融资国际合作平台，使资金、人才、技术等各类要素资源向气候投融资领域充分聚集。

一、气候投融资地方项目库建设思路

（一）制定项目库建设目标

气候投融资项目库的基本功能定位是创新型的绿色金融“产融对接平台”，其建设主要目标是提升气候友好企业、高科技绿色低碳行业的资金融通效率，引导社会资本流向应对气候变化的创新产业及重要技术领域，有效降低投融资双方信息壁垒，为优质项目匹配成本具有市场优势的资金来源。在此基础上，气候投融资项目库服务于企业成长的全生命周期，为初创、发展、商业成熟阶段的低碳技术企业提供有针对性的融资渠道和气候效益认证，将培育成熟的、具有典范性气候效益和社会效益的项目进行推广、展示。

气候投融资项目库在国际上已有一些成熟案例，如国际可再生能源署（IRENA）开发的“气候投融资加速器”平台，其通过项目自主申报、项目初审、项目终审、项目报告形成、融资方对接五个步骤，为优质低碳项目方对接潜在的融资渠道、咨询技术服务、学术研究成果等，供需双方均可通过申报成为该平台会员，通过此平台自主洽谈并匹配业务。

我国在《关于促进应对气候变化投融资的指导意见》中明确了气候投

融资的内涵、外延、指导原则、支持范围和组织保障等关键问题，其中提出工作重点领域包括：加快构建气候投融资政策体系、逐步完善气候投融资标准体系、鼓励和支持民间投资与外资进入气候投融资领域、引导和支持气候投融资地方实践等；在《关于开展气候投融资试点工作的通知》中明确指出开展气候投融资地方试点的工作重点包括：强化碳核算与信息披露、强化模式与工具创新、建设国家气候投融资项目库。与域外气候投融资项目库“国际组织牵头＋多方自主商业合作”的基本模式不同，我国实现碳达峰、碳中和必须在充分发挥市场机制基础作用的前提下，加强政府引导和政策保障作用，气候投融资项目库以“政＋银＋企”三方模式为主，地方政府需要主导参与气候投融资项目库的建设工作，以标准化的信息披露、科学化的评估标准、透明化的政策支持衔接投融资两端。地方政府在气候投融资项目库建设中的作用如图5－1所示。

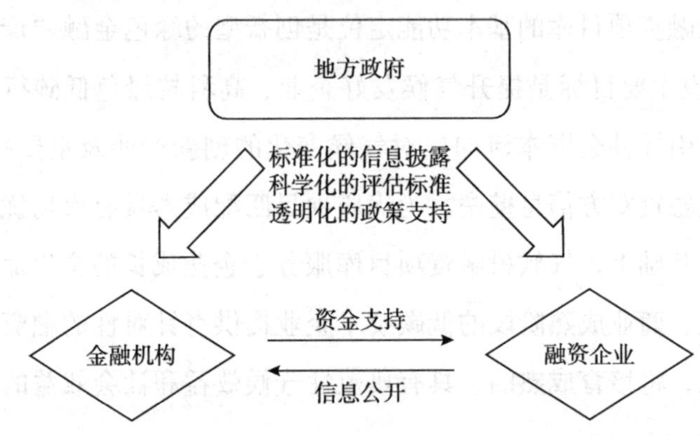

图5－1　地方政府在气候投融资项目库建设中的作用

在各地气候投融资试点工作开展的初期阶段，试点地方主要使用气候投融资项目清单来实现项目方与金融机构对接，但该种方式仍存在着信息披露不充分、信息公开程度较低、资源匹配效率不高、项目动态监管能力不足、科学评估机制匮乏、项目展示效果不佳、地域限制较大等多方面问题，亟须以气候投融资项目库作为重点创新型政策工具，引导更多资金流向应对气候变化领域，对内为绿色低碳发展提供资金保障，对外彰显我国落实国家自主贡献承诺的切实行动和突出成就。

具体来说，地方气候投融资项目库建设遵循以下原则和目标：

第一，建立统筹管理和推动对实现碳达峰行动目标具有重大意义的应对气候变化项目集中管理平台，坚持政策导向性原则。项目库建设的根本出发点是服务于应对气候变化工作，因此必须设置明确的正面准入和负面退出标准，使项目最终与地方“双碳”进程协同推进，实现产业转型经济增效与降碳减污生态增效衔接统一。

第二，建立覆盖创新、研发、示范、应用不同阶段的应对气候变化重点领域项目信息库，坚持持续性原则和阶段性原则。气候投融资项目库是一项长期性工作，应贯穿我国的碳达峰、碳中和整体进程。同时，地方“双碳”行动、产业转型、项目生命周期均因所处阶段不同，存在不同的工作重点和工作难点。阶段性原则在宏观层面要求项目库标准、管理方式和支持重点按照地方产业情况及政策目标持续优化、更新；在微观层面要求对入库项目实施精细化管理，按照初创阶段、成熟阶段、推广阶段的项目特征匹配合适的资金来源及保障政策。

第三，建立具有国内外影响力的推动气候项目资金需求方和供给方对接的合作平台及持续发展模式，坚持重大性、创新性原则。遴选符合本地减缓和适应气候变化地域特征的重点项目申报进入国家气候投融资展示平台，对接科技、财政、金融、交通、信息等政策资源，充分展示具有良好气候效益且能够持续运营，具有带动地方就业、区域经济发展的典范性商业项目。

第四，建立适宜本地产业和生态特征的气候投融资项目管理平台，坚持地域性原则。气候投融资项目库结构上分为国家级平台和地方级平台，分别由生态环境部和地方生态环境部门牵头建设。地方级平台是国家级平台储备项目的重要来源，在标准设置上两者应该坚持统一性为基础、差异性为补充。地方级平台参照国家统一标准制定项目库的评估标准、监管流程和管理机制，在此基础上结合地方绿色低碳产业优势和生态环境特征，增补遴选的项目范围及相应评价标准、扩宽入库范围，并将地方特殊标准申报国家项目库。

（二）明确项目评估指标体系

气候投融资项目评估指标体系指的是评选入库投融资项目时所考察的不同维度。目前，国际上较成熟的指标体系包括ESG评估体系（主要适用于资本市场中评估企业社会绩效与股东回报关系）、标准普尔绿色债券评级（主要适用于绿色债券发行评级）；我国的相关指标体系包括中国环境科学学会气候投融资专业委员会制定的《气候投融资项目分类指南》团体标准（T/CSTE 0061—2021）以及中国人民银行牵头发布的《绿色债券支持项目目录》（2021年版）等。综合各类评估标准体系，我们认为气候投融资项目库的关键评估维度分为项目类别评估、项目合规性评估和项目效益显著性评估，具体如图5－2所示。

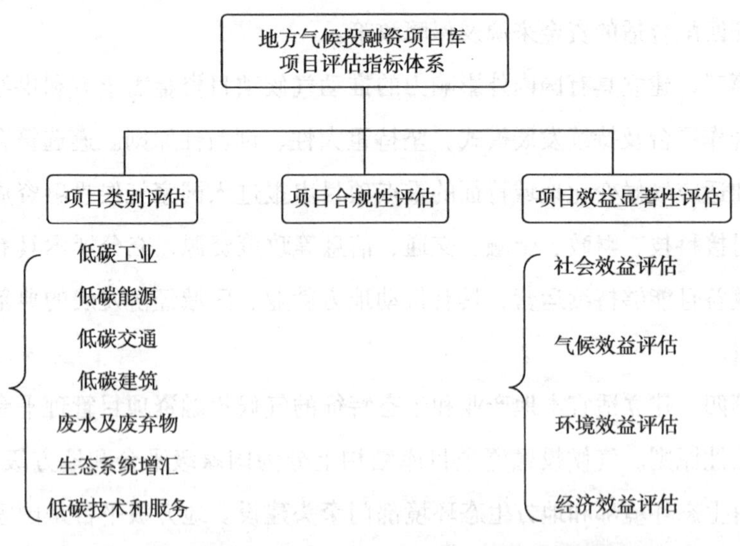

图5－2 我国地方气候投融资项目库项目评估指标体系

项目类别评估主要评估项目是否属于国家和地方应对气候变化的关键领域或者关键行业；项目合规性评估主要用来评估拟投项目对国家、地区、行业相关政策（标准或规范）等要求的符合性；项目效益显著性评估包括社会效益评估、气候效益评估、环境效益评估、经济效益评估等方面。

项目类别评估和项目合规性评估属于核心评估指标，即用于项目“否定性”评价，不满足核心指标的项目不予通过审批；项目效益显著性评估用于项目“肯定性”评价，对项目气候效益、经济效益、社会效益、环境效益作出定量分析或定性描述，其中气候效益是指项目减缓气候变化的（主要指减少二氧化碳排放）可量化计算结果，或者项目适应气候变化的定性及定量分类（如增加碳汇容量等）；经济效益是指项目财务经济有效性评估，即项目财务、经济内部收益率不得低于本行业基准水平，以及新增单位投资的减排量高于行业平均水平；社会及环境效益主要是指气候投融资项目的协同性效益，包括但不限于为社会创造就业机会、带动上下游绿色产业链发展、统筹污染防治、增加生物多样性等定性评估维度。

（三）了解入库申报及审批流程

地方气候投融资项目库实施自主申报及集中审核的管理方式，评估机制遵循标准透明、评估主体中立、评估进程公开的原则。熟悉入库申报及审批流程可增加地方气候投融资项目入库几率，提升项目水平。评估分为初审和复审流程，具体如下：

项目自主申报和官方征集。由地方生态环境部门牵头组织制定并发布项目入库申请指南，标准公示后管理部门协调对接相关地方行业主管部门，分别向行业内企业和金融机构宣导、推广，所有符合条件的项目业主均可在管理平台上填报《自主项目库入库项目申请表》并提交相关证明材料，包括但不限于项目目标、内容、项目总投资及年度计划投资、项目融资意向和金额、项目预期效益及风险等信息，申报表的信息是建设基础数据库的基础来源，其中的关键信息在入库后可采用标签方式予以统一化、标准化标注，以便项目信息汇总、统计分析使用。市生态环境局及各区管理局负责入库项目的初审工作。所有具有投资意向的金融机构，包括但不限于政策性银行、商业银行、信托公司、私募股权基金公司等均可注册成为管理平台会员，由项目库定期向其推送新入库项目信息。

项目评估采用两段式评估方式。第一，由市生态环境局委托第三方机构对于通过初审的项目进行第三方评估，初审的内容主要包括项目背景真实性尽调、项目合规性材料审核、项目经济效益与气候效益预评估等，形成完整评估报告；第二，市生态环境局定期从项目平台的专家库中组织专家对通过初审项目进行复审，复审采用匿名评审方式，每个项目不得少于两位专家单独评审，针对初审报告及补充材料形成入库与否的封闭性结论，专家评估报告由平台反馈给项目融资方，通过复审的项目予以入库处理。

项目库入库。项目库分为不同的子库，根据项目的融资意向、项目启动时间、项目规模和成熟度等进入不同的子项目库。

不同的子库的分类依据及作用如下：

储备项目库主要容纳具有明显减缓和适应气候效益的项目，储备项目库主要包括早期阶段、无急迫融资需求，主要意图对接财税、金融相关优惠政策的项目。

开发项目库主要容纳具有融资需求和意向，项目已经启动，按照金融政策和监管规定，满足融资条件的项目。

推广项目库主要包括具有显著推广展示意义的成熟项目，用于推广和展示我国在国家自主贡献方面的积极努力和成效。推广项目主要结合项目评估方法中的关键指标和一般性指标进行综合判断，推广项目应能证明项目的年减排量、碳排放强度、投资减排效益在行业中具有先进水平。推广项目库的项目可评审后直接纳入，或在储备项目库储备待满足相关要求后纳入。

第三方评估机构根据不同子库的要求在评估报告中给予不同子库的推荐性建议；推荐性建议由专家委员会进行复核。进入储备项目库不是进入开发和推广项目库的必须流程，但进入储备项目库的项目可以在项目相关条件成熟后进入开发项目库和推广项目库。具体如图 5－3 所示。

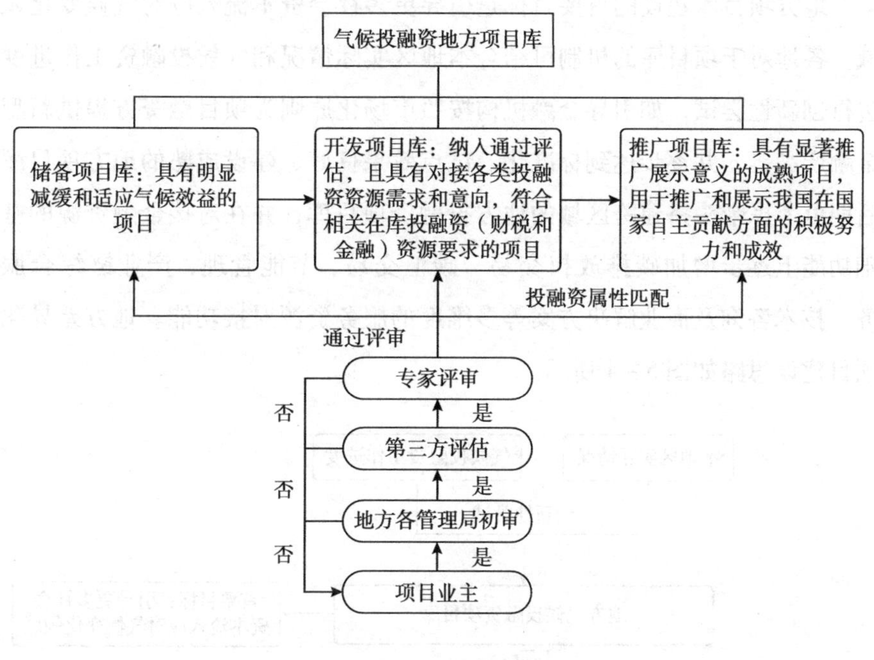

图 5－3　项目评估流程

（四）严格项目融资需求管理

项目库平台对入库项目的融资需求进行动态管理，项目的主要融资信息，如贷款期限、第一或者第二还款来源、意向贷款利率优惠、公司主体信用评级（如有）、项目已获融资情况、项目抵质押及担保情况等应包含在入库申报表中对注册金融机构予以公开，便于金融机构识别潜在客户等。同时应对项目库的融资需求部分进行动态管理，将已获得投融资对接及资金落地的项目应进行标识，或移至“推广项目库”进行展示，避免重复对接；如因项目规模扩张等情况需要补充融资来源的，项目方应提交相应证明材料。

（五）结合地方特色，差异化项目建设思路

地方项目库建设的首要目标是引导更多社会资本流入应对气候变化领域。各地对于项目库的机制可结合本地区实际情况和气候投融资工作进度进行创新性尝试，如引导金融机构按照市场化原则为项目融资方提供新型金融产品等，并逐步达到标准化。试点效果良好、建设成熟的地方项目库后期可考虑牵头搭建跨区域的地方投融资项目库，并在对接金融资源的基础功能上逐步增加碳排放权交易、碳汇交易、节能管理、产业链综合服务、技术咨询及商业解决方案等多维度的服务资源对接功能。地方差异化项目建设思路如图 5－4 所示。

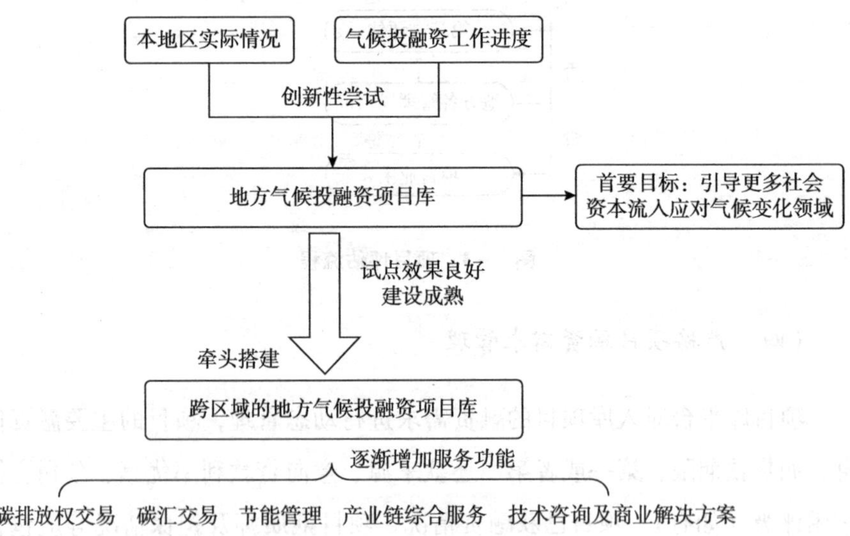

图 5－4　地方差异化项目建设思路

通过辐射效应带动区域气候投融资发展。地方项目库建设成熟后可以向附近区域延伸，通过辐射效应带动区域气候投融资的发展。如深圳市可以结合海洋中心城市建设，推动建设“大湾区”项目库，统合区内金融资源，带动周边区域发展气候投融资。陕西省西咸新区可以牵头建设西安、咸阳项目库等，将气候项目库建设融入“西北特色”，加快周边地区的气候投融资试点工作，为促进地方绿色低碳和高质量发展提供有力支撑，形成可复制可推广的成功经验。

识别地方优势金融资源。地方气候投融资项目库建设有助于识别地方优势金融资源，如“西咸新区能源金融贸易区”“粤港澳大湾区绿色金融联盟”等，通过气候投融资项目库建设可以公开区域资金信息，促进科技、财政、金融等领域进行有效信息匹配，加强资本配置效率，并引导地区的更多资金流向应对气候变化领域。

标杆项目申报进入国家推广项目库，发挥宣传窗口作用。地方气候投融资项目库展现我国不同区域在应对气候变化领域作出的卓越成就，是宣传我国应对气候变化进展的窗口。气候投融资项目库作为体现我国提高国家自主贡献力度的信息展示平台，有助于彰显我国积极应对气候变化的大国形象和担当，同时对于展示我国在低碳技术与产业发展的成就与进展，引领全球绿色低碳技术产业发展与合作，对接国际绿色金融具有重要的战略意义。

（六）气候投融资地方项目库建设与实施管理

1. 组织管理

目前，试点地区气候投融资工作由各地方生态环境部门主管，地方项目库建设初期阶段，应考虑先由市生态环境局统筹管理办法发布、金融机构及第三方服务机构资源协调、项目库信息管理平台建设、项目库评审专家库建设、项目筛选标准化建设、优质项目专项资助等基础工作，地方生态环境部门负责本辖区融资项目征集与报送。待项目库试运行经验成熟后，生态环境部门可考虑筹备实体性项目库管理机构，专门负责项目库的运营管理工作。

地方项目库的主要相关方包括：①地方政府相关部门（地方发展和改革部门、地方金融监管部门、地方科技局等）；②银行业金融机构；③其他各类基金机构；④政府类机构投资者、企业和事业法人类机构投资者；⑤服务机构（碳核查第三方机构、标准化机构等）；⑥评审专家。建议设立包含上述各方遴选代表的项目库管理联席委员会，增设联席会议制度，加强资源衔接、为项目库管理运营建言献策。

2. 项目全生命周期管理

作为主要资金提供方的商业银行及其他投资机构，一般会结合国际实践、国内监管要求、本机构实际情况等因素，针对气候投融资（或绿色信贷）制定具有针对性的信贷项目全流程管理规则，常见的步骤主要包括：尽职调查环节对融资方管理环境风险的历史记录进行分析评价；项目审批环节将标准化的环境合规文件审查清单及气候效益核算报告等作为重要审查对象，并将项目主体的环境与气候表现作为贷款方案中的前提条件；合同签署环节增设与气候风险、气候效益、环境效益相关的约束性条款；资金拨付环节现场核实融资前提条件是否逐一落实；贷后管理环节间隔期间现场检查、对项目方碳排放报告等进行备案与审查等。

地方项目库作为产融对接、信息汇集平台，不承担投前、投中、投后阶段的项目实质性管理责任，但其自身的工作机制设计，应当尽可能贴近金融机构的信贷管理流程，通过有效的筛选、约束、激励机制，尽量降低项目质量低、项目信息造假的风险，发挥基础数据库的作用，完成入库项目的详细信息披露与更新，并在入库项目融资完成后，定期更新并披露项目完成度、技术种类、资金变动情况等关键信息，供金融机构采集信息，如发生项目实施过程中未达到入库条件的，应对投资机构及时进行项目风险预警。

3. 约束和激励机制

试点地区可发挥财政政策与金融政策协同作用，强化财政、税收政策等对气候投融资的支持，对入库示范性项目酌情给予税收优惠、政府优先采购、政府产业引导基金领投等激励性政策。除此之外，应建立适应项目库长期管理的企业信用评价系统，将项目气候效益、企业信息披露义务、企业还款义务履行情况等作为评价因素，评价结果未达标的融资方将进入“黑名单”，取消其入库资格及申请相关政策优惠的资格，并在项目库信息管理平台进行公示。

二、气候投融资地方项目库评估指标体系建设

（一）国家项目库标准

1. 项目类别评估

项目类别评估主要评估项目是否属于国家应对气候变化的关键领域或关键行业，是否属于国家禁止或控制准入的高排放、高污染行业。关键领域或者关键行业的确定是依据国家自主贡献的重点任务和目标（见附表 1）及行业的减排潜力确定的。初步确定的减缓关键领域主要类别包括低碳能源、低碳工业、低碳交通、低碳建筑、废水及废弃物清洁处理、生态系统增汇、低碳技术和服务等 7 个领域，附表 1 明确了具体领域的技术要求和

标准。

2. 项目合规性评估

合规性评估主要针对拟投项目对国家、地区、行业相关政策（标准或规范）等要求的符合性和建设项目立项的行政审批手续完备性进行评估，评估材料依照该行业的政策规定确定。如工程建设类项目应提交：立项用地规划许可、建设工程规划许可证、消防或人防等设计审核材料以及其他当地政策要求的行政审批或备案材料；固定资产投资类项目应提交政策要求的立项审批、建设审批、项目验收材料等；城市污水和废弃物处理项目应提交经批复的可行性研究报告、建筑工程施工许可、环境影响评价表（书）等。当地生态环境局在确认地方项目库行业范围后，应根据法律、法规和政策要求，对项目申报需附带提交的行政审批文件分类进行编制，并在项目库平台上予以公示。

3. 项目效益评估

项目效益评估主要包括社会效益评估、气候效益评估、环境效益评估、经济效益评估四个方面（见附表2）。

（1）社会效益评估

社会效益评估主要包括项目政策符合性评估、环境社会风险评估、可持续影响评估三个方面。政策符合性评估，主要评估项目是否满足国家、地方、行业相关规划（政策或标准）的要求；环境社会风险评估，主要评估项目是否具有重大的、不利的环境社会风险。可持续影响评估，主要评估项目在改善健康、卫生、供水、提升受教育的机会、推进性别平等，以及促进文化保护等其他公共事业方面的影响。

（2）气候效益评估

气候效益评估，包括项目减排量和碳排放强度评估。

项目的年温室气体减排量评估主要包括：项目（预算或实际）具有净减排效益；项目减排量在同类项目中的水平（该评估指标为关键评估指标，项目年净减排量应为正，且项目年减排量高于同类项目中的水平，该指标为项目复审时的重要指标）。

年碳减排量是指以二氧化碳当量（吨）计，通过减排措施减少温室气体排放量。其中，温室气体类别包括二氧化碳、甲烷、一氧化二氮、氢氟碳化物、全氟化碳、六氟化硫、三氟化氮或以上全部。排放的范畴主要为范围一和范围二的排放，对于部分项目，如有公允的计算方法，也可包含范围三的排放。

项目温室气体减排量的计算方法参考《基于项目的温室气体减排量评估技术规范　通用要求》（GB/T 33760—2017），具体减排量的计算公式如下所示：

$$ER = BE - PE$$

其中：ER 是指一定时期内，项目温室气体减排量，单位为吨二氧化碳当量；BE 是指同一时期内，基准线排放量，单位为吨二氧化碳当量；PE 是指同一时期内，项目排放量，单位为吨二氧化碳当量。

碳排放强度指项目单位产出的排放量，为关键评估指标。项目碳排放强度应满足附表 1 的要求（如适用），对于未列明要求的项目默认为该项指标满足要求。

根据行业不同，碳排放强度分别为项目的碳排放量（直接碳排放量）与产品产量、产值或面积的比值。具体公式如下：

$$碳排放强度 = 碳排放量 / 产出$$

不同行业气候项目碳排放强度先进值可参考北京市碳排放强度先进值或其他地区相关值。本计算公式适合减缓气候变化类项目，如拟入库项目的气候效益主要以适应气候变化为主，可使用增加林业、海洋碳汇量等方式进行核算。

(3) 环境效益评估

环境效益评估主要评估项目在协同推进其他环境目标实现方面的效益，包括提升气候韧性、提升生物多样性、统筹推进污染防治等方面，该部分主要为定性评估，评估依据及指标可参照项目方申报时提交的环境影响评估表（如有）。

(4) 经济效益评估

经济效益评估主要评估减排项目单位投资的气候效益及投资项目内部回报率。减排项目单位投资的气候效益可使用总投资量与测算减排总量的比值来衡量，项目经济有效性宜采取内部回报率（IRR），即测算投资净现值为零时对应折现率。评估项目经济效益应选定同行业的投资回报率门槛值，并充分考虑行业投资风险，制定相应的风险调整系数。原则上，经风险调整后的 IRR 减去融资成本的数值为正，可视为财务有效。

（二）地方项目库特殊标准

国家气候投融资项目库项目评估标准确立后，应作为地方气候投融资项目库的基本评估标准。此外，如地方项目库拟纳入国家标准未包含的项目行业范围，或地方根据特殊的环境治理重点、绿色产业规划重点拟对部分行业的项目予以优先考虑，可以自行增补地方标准（指国家标准中行业符合范围未包含部分），并将增补部分报国家项目库备案。增补标准应着重考虑以下方面：

1. 地方特殊气候条件与生态环境治理重点

地方可以关注其不同的地理位置、地质特点、气候条件等因素，形成气候与生态环境治理的特殊需求，设定具有地方特色的项目评估标准。如西北地区的碳汇保持与水土流失综合防治、东南沿海地区的洪涝灾害防范等。应根据地方应对气候变化的特殊情况制定标准，聚焦当地生态环境治理重点和适应气候变化的重点领域。

2. 国家和地方重点扶持产业与发展目标

地方应将气候投融资项目库项目类别与国家和地方重点发展产业和目标相结合，根据绿色产业规划重点，纳入国家标准未包含的项目行业范围，适时制定地方特殊的项目评估分类和指标，并将增补部分报国家项目库备案。地方需保证其可以引导和推动碳达峰碳中和目标实现路径、结构和技术方面的创新，促进高质量发展，同时保证项目具有关键性或示范性，对国家自主贡献目标有较大贡献。地方项目库建设时可以根据对接金融资源实际情况，预估本年度气候投融资项目库支持资金规模，如需要予以重点扶持的行业，建议在储备项目库、推广项目库中对重点行业项目注明特殊标识（如优先推荐）等，并按照地方、国家项目库对接规则向国家库进行申报入库，帮助重点行业获取跨地域资金来源。

3. 国家与国际气候投融资相关标准

地方需要密切关注国家与国际气候投融资相关标准发展情况，相应对地方标准进行动态调整，保持地方标准与国内外先进标准的一致性，以便获得国内投资者、国际金融机构、多边气候基金、私人投资者等主体的投融资支持，并且有利于投融资项目获得国际认证。地方应密切关注气候投融资相关标准，包括中国绿色债券支持项目目录、中欧可持续金融共同分类目录、多边开发银行气候投融资共同分类标准、气候债券倡议组织绿色债券标准等，并且应密切关注国内和国际转型金融标准进展。

4. 项目效益显著性

地方需要适时调整项目效益评估指标，逐步提高对项目效益显著性的要求。气候效益评估是气候投融资项目的核心指标，应逐步提高项目减缓和适应效益标准，使项目与地方碳达峰碳中和目标和战略匹配，服务于国家碳达峰碳中和目标实现，并且降低融资方通过门槛较低项目进行“漂绿”的风险。社会、环境和经济效益评估指标也需要适时进行调整，以协同实现环境与社会治理和可持续发展。

5. 地方项目库与国家项目库的职能分工及对接机制

我国气候投融资工作从地方试点先试先行展开，国家气候投融资项目库充分吸收地方项目库工作经验，地方项目库与国家项目库的政策定位及职能分工有所不同：国家项目库主要聚焦于标准编制、政策指导、示范性项目遴选、地方经验展示等管理性功能；地方项目库主要聚焦于项目汇总、项目动态监管、项目融资服务、地方特色机制创新等操作性功能。故地方项目库与国家项目库实施双向连通对接：第一，地方项目库是气候投融资项目的主要来源，定期遴选气候效益突出的优质项目向国家项目库输送，同时通过国家项目库便利的金融资源支持融资规模较大、跨行政区域的气候项目，申请准入国家项目库。第二，地方可结合实际需求，在国家项目库行业范围外单独补增、编制项目评估标准，单独部分作为地方标准，同时报国家项目库备案，备案后可作为地方项目入国家项目库特殊标准。不需要跨区域融资的入地方项目库项目，地方定期编制报送国家备案。第三，地方项目库承担库内项目气候效益核查、信息披露的一手责任，应自行负责项目的常态化监管，对不符合标准的项目库进行退库管理并予以公开公示。第四，国家项目库审批地方单独制定的特殊标准、遴选地方推荐项目并承担跨部门的协调和政策整合功能，定期向地方项目库传达各行业涉双碳的支持政策，协助地方项目库主管部门与国家级金融机构开展合作、对接。

国家项目库与地方项目库的项目终审均由专家库内专家评定完成，地方在建设气候投融资项目库时应同步建设本区内气候投融资专家委员会，专家库应吸纳国内外应对气候变化领域研究机构、高校、相关部门、相关行业的专家，建立稳定的专家团队和专家组建机制，保障项目的进入、筛选、分类、评估，保证对项目给予科学公正的结论及支撑项目库有序运行。地方项目库与国家项目库的对接机制如图5－5所示。

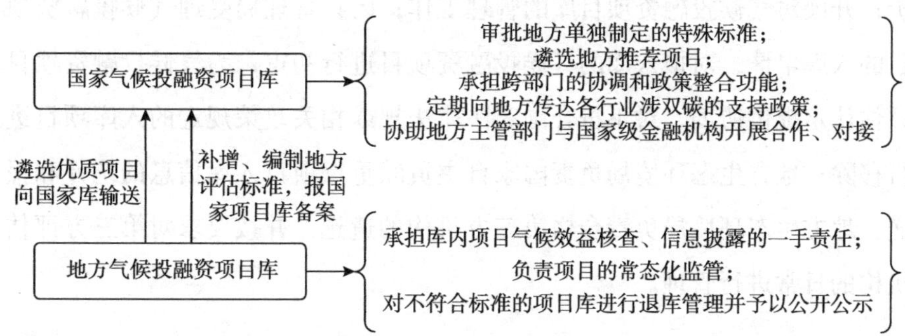

图5－5　地方项目库与国家项目库的对接机制

三、气候投融资地方项目库动态管理机制

（一）管理机构与职责分工

各地方生态环境部门是地方气候投融资项目库的管理部门，其职责主要有：指导和监督系统的运行；发布气候投融资项目认定办法；管理地方气候投融资项目库；遴选、发布合格的第三方评估机构名单；部门职责范围内的其他事项。各地方发展和改革委、地方工业和信息化局、地方规划和自然资源局、地方住房和城乡建设局等行业主管部门，根据各自部门职责，配合相对应的市级主管部门对气候投融资项目库的管理工作。金融监管部门负责组织本区域内金融机构通过项目管理平台进行金融产品推介、投融资对接。

各区的生态环境部门是地方气候投融资项目库的区主管部门，职责主要有：组合和协调辖区内企业和项目业主对接项目库；配合市主管部门对气候投融资项目库的管理工作。

地方生态环境部门和各区县管理局是气候投融资项目管理信息系统的管理机构，职责如下：负责气候投融资项目管理信息系统的日常运行维护；开展对气候投融资项目库的管理工作；区县管理局受理气候投融资项目的入库申请，对拟入库的气候投融资项目进行初审，为气候投融资项目评估认定提供协助，对不符合国家法律法规或相关政策规定的入库项目进行移除；地方生态环境局负责国家自主贡献重点项目入库信息的统计和报送；地方生态环境局负责合格第三方机构的遴选，并按要求对第三方评估机构的日常进行管理。

（二）项目入库申报流程

地方生态环境部门定期发布气候投融资项目认定办法和合格的第三方评估机构名单，符合申请条件的项目自行向地方气候投融资项目库的区主管部门申报，上报项目建设内容、项目总投资及年度计划投资、项目起止时间、项目进站情况等信息，项目库常年接受申报。各市县主管部门根据项目可持续性、导向性、阶段性、重大性、创新性等原则对项目进行初审，并定期向上级推荐。地方气候投融资项目库的管理部门组织项目复核工作，由合格的第三方机构按照项目评估指标体系对项目的各项指标进行评估，复核通过的项目纳入地方气候投融资项目库管理。地方生态环境部门定期编制《地方气候投融资项目名录》，集中报请市政府审核，并对外公布。

（三）项目核查与考评机制

项目库须对入库项目进行详细信息收集和信息披露，包括项目进展、融资情况、资金使用情况、第三方机构气候效益核查结果等，并及时更新已入库项目的登记指标与更新指标。定期更新各行业气候投融资项目开展情况，对项目关键指标进行统计与核算，并及时在项目库中进行数据更新，展示项目库覆盖领域、技术种类、减排潜力、项目完成度、资金投入、资金结构、收益情况等关键信息。项目库定期筛选优秀项目进行案例展示，将气候投融资项目库建设作为展示我国应对气候变化努力和成效的窗口，同时对未来有融资需求的项目进行信息公开和指导。

（四）项目出库退库管理

地方生态环境部门对通过认定的项目进行动态管理，第三方评估机构实施跟踪核查。顺利完成并审核通过的项目可正常出库，气候效益良好的项目主体下次申报时可享受优先入库条件。如存在入库项目审查不合格的情形，项目业主应在规定期限内完成整改。入库项目发生名称等重大事项变更或调整的应向地方生态环境部门报备；入库项目发生项目业主变更、项目中止/终止、所有权变更等应暂停在库状态，由管理机构按照相关要求给予重新申报入库或移出等处理。项目出现不符合国家或地方相关标准和政策规定或发生重大安全、环境、质量等事故等情况，管理机构有权直接将其移出项目库。对弄虚作假、骗取市气候投融资项目入库资格的单位和个人，取消其市气候投融资项目库的入库资格，由市政府和市生态环境局将其列入失信提示名单，依规将违规信息推送至公共信用信息平台予以公示；涉嫌犯罪的，依法移送司法机关处理。

四、地方项目库建设案例

（一）地方项目库建设案例——深圳市

1. 深圳市气候投融资开展情况

深圳市是我国三大金融中心之一，深圳市抢抓“粤港澳大湾区”“中国特色社会主义先行示范区”“综合改革试点”“前海深港现代服务业合作区改革”示范和建设机遇，充分发挥制度、金融、产业、科技优势，在气候投融资机制方面推陈出新，积极推进气候友好金融和气候产业双提升，取得明显成效。

政策方面，2021 年 3 月，深圳开始实施我国首部绿色金融法规，同时也是全球首部规范绿色金融的综合性法案——《深圳经济特区绿色金融条例》。该条例从制度与标准、产品与服务、投资评估、环境信息披露、促进与保障、监督与管理、法律责任等多方面推动绿色金融和气候投融资的先行先试。《深圳经济特区生态环境保护条例》于 2021 年 9 月 1 日实施。《深圳经济特区生态环境保护条例》专设一章，对应对气候变化的一般性工作、碳达峰和碳中和、碳排放权交易等进行了规定，要求市政府编制碳排放达峰行动方案和碳中和路线图，推动重点行业绿色低碳转型。深圳市有关部门通力协作，以市委全面深化改革委员会名义印发了《深圳市气候投融资改革实施方案》，制定了《国家（深圳）气候投融资项目评估和项目库管理指引》《境外资金投资国家（深圳）气候投融资项目库入库项目指引》等制度，开展政银企对接等实践，取得明显成效，为全国气候投融资工作提供了经验借鉴。

项目方面，深圳市不断开拓气候项目的征集途径，有效运用环境统计、环境影响评价等数据库，发挥各行业管理部门的优势，破解绿色资产标的难找的问题；不断规范项目的筛选标准，对项目的经济效益、气候效益、社会效益等进行定性和定量分析，降低金融机构融资风险；不断强化项目的动态管理，通过信息公开等强化监督、帮助产融对接，为我国自主贡献提供了一个良好的宣传窗口。

资金方面，深圳市创新境外资金进出制度，鼓励入库项目境外融资和银行跨境融资资金投向入库项目，同时支持试行项目境外辅助推广；在国内对接人民银行碳减排支持工具，推动央行的碳减排支持工具在深圳落地生效，向符合条件的金融机构提供低成本资金，人民银行对符合条件的项目予以“碳减排支持工具”支持；激励金融机构支持入库项目，鼓励银行就入库项目的信贷出台“尽职免责”制度；实施碳市场和项目库协同政策，运用市场机制增加入库项目的收益。

2021 年底，深圳气候投融资试点首批重点业务对接资金成功，华夏银行与拓日新能、创维光伏等入库项目签署战略合作协议，对库内项目予以长周期、低利率的贷款支持。2022 年 8 月，深圳市生态环境局在全市范围内公开征集气候投融资项目，企业注册申报后，由深圳市生态环境局组织技术机构和相关专家对项目进行评审，并协助入库项目开展银企对接、温室气体核证自愿减排量开发培训、碳减排支持工具信贷辅导等资源和技术支持。

2. 深圳市气候投融资项目库建设经验

（1）充分整合金融资源优势

深圳市气候投融资试点的成功依赖于一系列深入推进金融改革政策的支撑效应。2021 年，深圳市先后出台了《深圳市支持金融企业发展的若干措施》《关于促进深圳风投创投持续高质量发展的若干措施》《深圳市扶持金融科技发展若干措施》等“一揽子”支持政策。这些政策着力点体现在：加大吸引高能级金融企业落地、大力发展金融科技创新业态、鼓励风投等行业服务实体经济力度等方面。独特的金融业制度和政策优势使得各类金融企业成为气候投融资项目的“源头活水”，特别是深圳市鼓励科技金融、私募和创投等新兴金融企业发展，为气候投融资的长远发展储备了多样化的融资机会和资金来源。气候投融资项目库实现服务实体行业的根本在于金融资源的参与意愿和支持力度，整合当地的金融资源优势是各地气候投融资项目库建设的范本。

（2）协同关键行业和领域的“双碳”规划

深圳市积极落实国家应对气候变化战略，推动经济社会发展全面绿色低碳转型，先后获批国家首批低碳试点城市、国家可持续发展议程创新示范区、生态文明建设示范市等。在能源、交通、建筑等主要的传统温室气体排放的集中行业，深圳市均出台了“低碳”转型的路径规划与政策保障，如《深圳市培育发展新能源产业集群行动计划（2022—2025 年）》《关于支持建筑领域绿色低碳发展若干措施》《深圳综合交通“十四五”规划》等，上述文件均提出了本领域低碳转型的关键技术和产业投资重点方向，具体如表 5 -1 所示。

表 5 -1　　深圳市相关文件及支持的重点领域

时间	文件名称	重点产业	具体领域
2022.3	《深圳综合交通“十四五”规划》	交通行业	建设融合高效的综合立体交通网络、打造全球湾区核心枢纽海港、构建高品质创新型国际航空枢纽、拓展畅通国内循环的综合运输通道、建设高效集约的全球物流枢纽城市、推动综合交通领域绿色低碳发展、创新发展数据驱动的智慧交通体系
2022.6	《深圳市培育发展新能源产业集群行动计划（2022—2025 年）》	新能源产业	主要包括核能、智能电网、太阳能、储能、天然气及天然气水合物、风能、氢能、地热能、海洋能等领域
2022.6	《关于支持建筑领域绿色低碳发展若干措施》	绿色低碳建筑	建筑信息模型（BIM）技术应用、装配式建筑项目提质、超低能耗建筑项目建设、既有建筑节能改造、建筑废弃物源头减排

关键行业和领域的减排目标协同，为深圳气候投融资项目提供了更大力度的政策支持保障。同时，关键领域的行政规划释放了明确的政策信号，提升了金融机构对重点支持行业的投资信心和意愿。

（3）深圳市气候投融资项目库支持重点

深圳市生态环境局首次公开征集的气候投融资项目涵盖了本文附表 1 中的低碳能源、低碳工业、低碳交通、低碳建筑、废弃物和废水、生态系统增汇、低碳技术和服务七大领域。结合深圳市“双碳”路径规划、行业分布情况、生态环境特点，在这些领域中可考虑对下述细分领域予以优先支持。

①光伏、氢能、天然气水合物、地热能、海洋能等新能源基础设施建设

《深圳市培育发展新能源产业集群行动计划（2022—2025年）》提出“到2025年全市新能源发电装机占比达到83%，产业增加值达到1 000亿元左右，全市年增加值百亿元级企业3～5家、10亿元企业30家，形成产业链上下游协同发展”的规划目标。目前，光伏、海上风电等新能源应用规模仍需提升，氢能、地热能、天然气水合物等领域的关键技术尚处于培育期，部分关键零部件对国外进口依赖程度较高，考虑到新能源基础设施固定投资规模较大、新能源领域关键技术研发成本较高，且2022年以来新能源产业上游硅、锂等关键原材料价格上涨幅度较大，部分新能源企业营收压力较大、利润实现不及预期，有必要给予其优惠性融资支持。自我国2021年明确“双碳”目标以来，新能源基建企业、关键领域制造企业等受到了债券投资、银行信贷、资本市场投资的高度青睐，资金对新能源行业追捧热度较高，故深圳市气候投融资项目库可以遴选一批具有关键技术研发能力、发展潜力较强的新能源基础设施建设项目入库。

项目类型方面，深圳市可以聚焦“低碳能源”中的各个类别，具体包括风力发电设施建设和运营、太阳能利用设施建设和运营、海洋能利用设施建设和运营、核电站建设和运营、地热能利用设施建设和运营、高效储能设施建设和运营、高效低碳能源分配及传输设施、氢能利用设施建设和运营等。

项目评估标准方面，低碳能源类项目可以按照国家标准实行。根据附表1，项目碳减排量核算依据《基于项目的温室气体减排量评估技术规范

通用要求》（GB/T 33760—2017）；发电项目碳减排量核算参照 CCER 方法学《CM－001－V01 可再生能源联网发电》《CMS－002－V01 联网的可再生能源发电》《CMS－003－V01 自用及微电网的可再生能源发电》；供热项目碳减排量核算参照 CCER 方法学《CMS－027－V01 太阳能热水系统（SWH）》及《CMS－028－V01 户用太阳能灶》等。

②绿色节能建筑及绿色建材

2012—2020 年，深圳市设立了建筑节能发展专项基金，重点扶持绿色建筑、装配式建筑、既有建筑节能改造等领域，累计完成建筑节能改造面积 1 268 万平方米，每年节约电力约 1.7 亿千瓦时，并打造了一批“近零排放”工业园区、社区示范项目，如龙岗区“国际低碳城”片区、盐田区大梅沙碳中和社区等。根据中国建筑节能协会能耗专委会发布的《中国建筑能耗研究报告（2020）》，2018 年全国建筑全过程碳排放总量占全国碳排放的比重达到 51.3%。截至 2022 年 6 月 30 日，深圳市存量住宅用地共有 598 宗，总面积 11.54 平方千米，其中，未动工土地面积 3.49 平方千米，已动工土地面积 8.04 平方千米，其中未销售土地面积为 3.26 平方千米，建筑节能的空间巨大。

项目类型方面，深圳市应着重关注绿色低碳建筑建设相关项目，在附表 1 中属于“4. 低碳建筑”类别，主要包括“4.1.1 既有建筑节能改造”“4.2.1 新建绿色建筑”两个方面，细分领域主要有改造后建筑相关技术指标符合国家或地方相关建筑节能标准的既有建筑物节能改造活动；建筑用能系统节能改造活动；获得有效期内国家相关绿色建筑星级标识的既有建筑改造和运营及购置消费；超低能耗建筑、绿色建筑、装配式建筑等低碳建筑建设和运营；建筑可再生能源利用设施建设和运营等。

项目评估标准方面，绿色低碳建筑建设类项目可以按照国家标准实行。根据附表 1，项目碳减排量核算依据《基于项目的温室气体减排量评估技术规范通用要求》（GB/T 33760—2017）；项目碳减排量核算参照

CCER 方法学《CMS－029－V01 针对建筑的提高能效和燃料转换措施》《CMS－041－V01 新建住宅楼中的提高能效和可再生能源利用》《CM－052－V01 新建建筑物中的能效技术及燃料转换》。

③数字经济助力双碳发展

《深圳市推进新型信息基础设施建设行动计划（2022—2025 年）》中提出截至2025 年底，基本建成泛在先进、高速智能、天地一体、绿色低碳、安全高效的新型信息基础设施供给体系，打造新型信息基础设施标杆城市和全球数字先锋城市。《深圳市碳排放权交易管理办法》也指出要明确建立碳普惠机制，对小微企业、社区家庭和个人的节能减排行为进行量化，将碳普惠核证减排量纳入碳排放权交易市场核证减排量交易品种，鼓励组织或者个人开立公益碳账户，购买核证减排量用于抵销自身碳排放量，实现自身碳中和。在深圳，低碳转型正与数字经济不断“擦出火花”。

项目类型方面，深圳市应着重关注双碳领域的数字经济应用相关项目，在附表 1 中属于“7. 低碳技术和服务”类别，包括碳资产交易、节能诊断和评估、低碳技术咨询和评估等相关的低碳咨询服务等。同时深圳市也可以根据实际情况增加项目类别并制定评估标准。

项目评估标准方面，双碳领域的数字经济应用类项目没有相应的国家评估标准，深圳市需根据项目具体类型和地区实际情况制定地区特殊项目评估标准，包括项目类别、财务基准收益率、气候效益定量及定性评估标准等，便于数字经济助力双碳发展项目筛选入库。

④海洋生态系统固碳增汇

《深圳市海洋经济发展“十四五”规划》中提出要加强海洋生态文明建设，推进海洋生态保护与修复示范、加强蓝碳研究和探索、提升海洋安全与公共服务能力。深圳市是全球海洋中心城市，因此应结合全球海洋中心城市建设，加快发展海洋碳汇，不断增强滨海湿地生态系统的固碳、储碳功能，开展海洋碳汇基础研究，开展固碳增汇行动探索“气候投融资+海洋创新”模式。

项目类型方面，深圳市应着重关注海洋生态系统固碳增汇相关项目，在附表1中属于“6.2 其他生态系统增汇项目”类别，包括加快海草床规模营造，科学布局藻类、贝类生态养殖，提升固碳能力，开展海洋碳汇基础研究，开展滨海湿地退养还湿、河口红树林生态修复等固碳增汇行动，提升海洋牧场增汇能力，探索实施微生物驱动的无机—有机—生命—非生命综合储碳示范工程等。

项目评估标准方面，海洋生态系统固碳增汇类项目可以按照国家标准实行。根据附表1，项目碳减排量核算依据《基于项目的温室气体减排量评估技术规范　通用要求》（GB/T 33760—2017），参照CCER方法学《AR－CM－004－V01 可持续草地管理温室气体减排计量与监测方法学》。深圳市也可以根据实际情况制定特殊入库标准。

⑤聚焦新能源汽车发展和港口岸电布局

《深圳市生态环境保护“十四五”规划》中提出要推动低碳交通运输体系建设，大力发展海铁联运、水水中转业务，积极推动船舶“油改气”“油改电”；优化整车性能，增强高效电池、电控、电机等关键零部件制造和装备能力，加速电动汽车充电设施技术更新进程。同时深圳市也可以加快推进港口岸电布局，用岸基电源替代柴油机发电，直接对各类进港停靠船舶供电，让更多的船舶实现用上岸电技术，方便安全、省钱环保。

项目类型方面，深圳市可以聚焦附表1中“2.3.3 新能源汽车核心装备制造”和“3. 低碳交通”类别，包括新能源汽车电池、电机及其控制系统、电附件、插电式混合动力专用发动机、机电耦合系统及能量回收系统等新能源汽车关键核心零部件装备制造和产业化设施建设运营，以及为靠港、靠岸船舶提供电力供应的供电设施建设和运营、完善港口岸电供售电机制，推动岸电常态化使用等。

项目评估标准方面，新能源汽车核心装备制造与低碳交通类项目可以按照国家标准实行。根据附表1，项目碳减排量核算依据《基于项目的温室气体减排量评估技术规范 通用要求》（GB/T 33760—2017）；参照CCER方法学《CMS－048－V01通过电动和混合动力汽车实现减排》《CM－051－V01货物运输方式从公路运输转变到水运或铁路运输》等。深圳市也可以根据实际情况制定特殊入库标准。

（二）地方项目库建设案例——西咸新区

1. 陕西省西咸新区气候投融资开展情况

西咸新区是经国务院批准设立的首个以创新城市发展方式为主题的国家级新区。西咸新区顺应全球发展态势，大力发展先进制造、电子信息、临空经济、科技研发、文化旅游和总部经济等产业，整体呈现经济发展质量向好、现代产业体系加快构建和重点项目支撑有力的新态势。2017年，西咸新区被国家发展改革委、住建部确定为28个国家气候适应型城市建设试点之一。自试点获批以来，西咸新区扎实推进试点任务，基本形成了绿色低碳的能源体系、产业体系、城市建设体系、科技支撑体系、生态底板以及金融生态群落，为开展气候投融资试点建设奠定了良好的基础，提供了丰富的土壤。

2021年12月，生态环境部等国家九部委，在全国范围内开展气候投融资试点征集工作，并于2022年8月初公布了23个首批试点城市名单，西咸新区成功入选，并成为陕西唯一入选地区。未来，西咸新区计划着力构建气候投融资政策体系、标准体系“两个体系”，全力建设气候投融资项目库、气候友好型企业库、碳信息数据库、气候投融资智库“四个库”，成立气候投融资产业促进中心，努力打造一批低碳项目，创新一批特色气候投融资金融产品和模式，聚集一批气候友好型银行和金融机构，实现气候投融资“快增长”、碳排放强度“稳下降”。西咸新区用好习近平总书记赋予新区的“国家创新城市发展方式试验区”这一金字招牌，通过气候投融资试点，大胆先行先试，在已有的绿色不动产投资信托基金（REITs）产品创新基础上，探索通过“投贷联动”、应对气候变化主题债券、投资基金、政府和社会资本合作、国际资金赋能城市创新等，构建多元化的绿色低碳发展资本保障体系。

2. 西咸新区气候投融资项目库建设经验

（1）创新城市建设助推气候投融资发展

作为国家气候适应型建设试点城市和全国唯一一个以创新城市发展方式为主线的国家级新区，西咸新区的创新发展为气候投融资发展创造了良好的条件。西咸新区还是唯一一个以创新城市发展方式为主线的国家级新区，构建政府主推、市场主导、企业主体、广泛参与的气候投融资体系，是新区践行碳达峰碳中和战略的深刻实践，是探索创新城市发展之路的必然之举。

（2）聚焦重点行业，协同关键领域，推动经济社会全面低碳转型

西咸新区践行创新城市发展方式，不断推进绿色低碳、高质量发展，在重点产业发展、水资源管理及新能源汽车基础设施建设等方面出台了“低碳”转型的路径规划与政策保障，如《西咸新区“十四五”产业发展规划》《西咸新区推进新能源汽车充电基础设施建设三年行动方案（2021—2023年）》《西咸新区水资源管理办法（试行）》等，上述文件均提出了本领域低碳转型的关键技术和产业投资重点方向，具体如表5－2所示。

表 5－2　　　　　　西咸新区相关文件及支持的重点领域

时间	文件名称	重点产业	具体领域
2021.11	《西咸新区“十四五”产业发展规划》	先进制造、电子信息、临空经济、科技研发、文化旅游、总部经济和都市农业	乘用车（新能源）、智能制造装备、新能源新材料、节能环保与资源综合利用、软件与信息服务、电子信息硬件、人工智能、信息技术前沿、临空偏好型制造业、临空指向型服务业、临空枢纽型物流业、科技研发服务、技术交易服务、专业技术服务、历史文化旅游、生态旅游等
2021.11	《西咸新区推进新能源汽车充电基础设施建设三年行动方案（2021—2023 年）》	新能源汽车基础设施	完善公共充电基础设施建设规划，加快推进公共充电基础设施建设，构建公共充电基础设施安全运行监督管理体系，构建公共充电基础设施互联互通服务体系
2022.2	《西咸新区水资源管理办法（试行）》	水资源利用	水资源的开发、利用、保护和管理，城市供排水管网建设及城市雨污水分流工作，水功能区达标及水污染防治工作，地下水监测工作

3. 陕西省西咸新区气候投融资项目库支持重点

（1）聚焦水土流失治理，识别重点气候效益

西咸新区位于我国西北内陆的陕西省西安市和咸阳市，具有西北地区的典型气候，属于温带大陆性气候，位于半干旱和半湿润气候区。夏季炎热多雨，冬季寒冷干燥，气候环境比较典型。根据秦都区国家气象站的检测，西咸新区多年平均降雨为 500 毫米，其中夏季的降水占全年降水的一半以上，并且夏季降水多以暴雨的形式出现，很容易引起城市内涝和水土流失状况的发生。同时西北地区沙质土壤较多，土壤的蓄水能力差，降水往往通过土壤缝隙流至地下，造成表层土壤干燥，容易引发沙尘，如果不加以控制，将会造成非常严重的环境问题。为此，西咸新区统筹山水林田

湖草沙系统治理，推进海绵城市建设，大力推进小流域治理、淤地坝建设、水土保持示范园建设等，生态环境持续向好。因此在西咸新区气候投融资项目库建设中，应将水土流失综合治理加入项目评估考核标准中，对于改善水土流失状况的项目进行重点关注和考量。

项目类型方面，西咸新区应着力解决土壤沙化、水土流失等问题，着重关注土壤生态系统固碳增汇相关项目，在附表1中属于“6.2其他生态系统增汇项目”类别，包括退耕还林还草工程、兴修水库、修建水平梯田、打坝淤地、小流域治理项目等治理水土流失措施，以及固碳增汇措施等。

项目评估标准方面，该类项目可以在国家标准外制定特殊评估方法和入库标准。根据附表1，项目碳减排量核算依据《基于项目的温室气体减排量评估技术规范　通用要求》（GB/T 33760—2017），参照CCER方法学《AR-CM-004-V01可持续草地管理温室气体减排计量与监测方法学》。同时，西咸新区可以根据项目对于水土流失的治理效果制定特殊评估标准。

（2）发展智能制造行业，推动“临空经济”发展

西咸新区大力发展智能制造，在新能源汽车、智能制造装备、新能源新材料、节能环保与资源综合利用产业等方面都发展迅速。《西咸新区“十四五”产业发展规划》中提到，要以建设国际航空枢纽为目标，着力推动航空企业总部聚集。立足航空枢纽保障业、临空先进制造业、临空高端服务业三大临空产业集群，统筹推进空港新城产业基础高级化和产业链现代化，推动“临空经济”发展。

项目类型方面，西咸新区可以着重关注附表1中“1.3.1氢能利用设施建设和运营”和“2.3低碳技术装备制造”类别，具体包括清洁制氢、氢气安全高效储存、加氢站、氢燃料电池汽车、氢燃料电池发电、掺氢天然气等技术设置和氢能应用；风能、太阳能、地热能、海洋能、生物质

能、水力发电、核能等清洁能源利用专用装备制造，以及新能源汽车核心装备制造等。

项目评估标准方面，该类项目可以按照国家标准实行。根据附表 1，项目碳减排量核算依据《基于项目的温室气体减排量评估技术规范　通用要求》（GB/T 33760—2017）；参照 CCER 方法学《CMS - 048 - V01 通过电动和混合动力汽车实现减排》《CM - 051 - V01 货物运输方式从公路运输转变到水运或铁路运输》《CMS - 015 - V01 在现有的制造业中的化石燃料转换》等；发电项目碳减排量核算参照 CCER 方法学《CM - 001 - V01 可再生能源联网发电》《CMS - 002 - V01 联网的可再生能源发电》《CMS - 078 - V01 使用从沼气中提取的甲烷制氢》等。

（3）加快推进新能源汽车基础设施布局，建设低碳交通体系

《西咸新区推进新能源汽车充电基础设施建设三年行动方案（2021—2023 年）》提出要加快推进西咸新区新能源汽车推广应用，完善新能源电动汽车充电基础设施配套，着力培育新区经济发展新动能、提高公共服务水平，激发新消费需求、助力产业升级。

项目类型方面，西咸新区可以聚焦附表 1 中“3. 3 清洁能源车辆及配套设施”类别，包括天然气、电动、混合动力、氢燃料电池等清洁能源车辆购置。电动汽车电池充电、充换服务设施，新能源汽车加氢、加气设施等清洁能源汽车相关基础设施建设和运营等。

附表 1

地方气候投融资项目分类评估表

类别			项目范围	减排技术要求	其他定量指标参考值	碳减排量核算方法
1. 低碳能源	1.1 清洁低碳能源利用设施建设和运营	1.1.1 风力发电设施建设和运营	利用风能发电的设施建设和运营	直接碳排放强度 <100 克/千瓦时	财务基准收益率（税后）参考：8%	项目碳减排量核算依据《基于项目的温室气体减排量评估技术规范 通用要求》（GB/T 33760—2017）； 发电项目碳减排量核算参照 CCER 方法学《CM－001－V01 可再生能源联网发电》等
		1.1.2 太阳能利用设施建设和运营	利用太阳能发电的设施建设和运营，包括太阳能光伏发电、太阳能热发电和太阳能热利用设施	直接碳排放强度 <100 克/千瓦时	财务基准收益率（税后）参考：8%	项目碳减排量核算依据《基于项目的温室气体减排量评估技术规范 通用要求》（GB/T 33760—2017）； 发电项目碳减排量核算参照 CCER 方法学《CM－001－V01 可再生能源联网发电》及《CMS－003－V01 自用及微电网的可再生能源发电》；供热项目碳减排量核算参照 CCER 方法学《CMS－027－V01 太阳能热水系统（SWH）》及《CMS－028－V01 户用太阳能灶》等

续表

类别			项目范围	减排技术要求	其他定量指标参考值	碳减排量核算方法
1. 低碳能源	1.1 清洁低碳能源利用设施建设和运营	1.1.3 生物质能利用设施建设和运营	以农林废弃物、城市生活垃圾等生物质原料发电、供热，生产燃料乙醇等生物质液体燃料，以及以地沟油等餐厨废物为主要原料生产生物柴油等产品的设施建设和运营	直接碳排放强度<100 克/千瓦时	财务基准收益率（税后）参考：垃圾和沼气发电为 8%、其他为 6%	项目碳减排量核算依据《基于项目的温室气体减排量评估技术规范 通用要求》（GB/T 33760—2017）； 发电项目碳减排量核算参照 CCER 方法学《CM－092－V01 纯发电厂利用生物废弃物发电》《CM－075－V01 生物质废弃物热电联产项目》《CM－001－V01 可再生能源联网发电》《CMS－002－V01 联网的可再生能源发电》；供热项目碳减排量核算参照《CM－073－V01 供热锅炉使用生物质废弃物替代化石燃料》《CM－077－V01 垃圾填埋气项目》
		1.1.4 海洋能利用设施建设和运营	对海洋生态和生物多样性不造成严重损害的前提下，利用海洋潮汐能、波浪能、潮流能、温差能、盐差能等资源发电的设施建设和运营	直接碳排放强度<100 克/千瓦时	财务基准收益率（税后）参考：5%	项目碳减排量核算依据《基于项目的温室气体减排量评估技术规范 通用要求》（GB/T 33760—2017）； 发电项目碳减排量核算参照 CCER 方法学《CM－001－V01 可再生能源联网发电》《CMS－002－V01 联网的可再生能源发电》

续表

类别			项目范围	减排技术要求	其他定量指标参考值	碳减排量核算方法
1. 低碳能源	1.1 清洁低碳能源利用设施建设和运营	1.1.5 核电站建设和运营	在保障环境安全前提下，利用可控核裂变释放热能，采用第三代和第四代核电技术发电的设施建设和运营	直接碳排放强度<100 克/千瓦时	财务基准收益率（税后）参考：5%	项目碳减排量核算依据《基于项目的温室气体减排量评估技术规范 通用要求》（GB/T 33760—2017）
		1.1.6 地热能利用设施建设和运营	采用热泵等技术提取浅层地热能（包括岩土体热源、地下水热源、地表水热源等）的建筑供暖，供冷设施建设和运营；利用中高温地热、中低温地热、干热岩等地热资源发电的设施建设和运营	直接碳排放强度<100 克/千瓦时	财务基准收益率（税后）参考：5%	项目碳减排量核算依据《基于项目的温室气体减排量评估技术规范 通用要求》（GB/T 33760—2017）； 发电项目碳减排量核算参照 CCER 方法学《CM－001－V01 可再生能源联网发电》《CMS－002－V01 联网的可再生能源发电》
		1.1.7 大型水力发电设施建设和运营	对生态环境无重大影响的前提下，利用水体势能发电的设施建设和运营。仅含列入国家可再生能源规划等规划的重点大型水电项目	直接碳排放强度<100 克/千瓦时	财务基准收益率（税后）参考：10%	项目碳减排量核算依据《基于项目的温室气体减排量评估技术规范 通用要求》（GB/T 33760—2017）； 发电项目碳减排量核算参照 CCER 方法学《CM－001－V01 可再生能源联网发电》《CMS－002－V01 联网的可再生能源发电》

续表

类别			项目范围	减排技术要求	其他定量指标参考值	碳减排量核算方法
1. 低碳能源	1.2 可再生能源利用的支持设施	1.2.1 高效储能设施建设和运营	采用物理储能、电磁储能、电化学储能和相变储能等技术，为提升可再生能源发电、分布式能源、新能源微电网等系统运行灵活性、稳定性和可靠性进行的高效储能、调峰设施建设和运营	储能系统能量转换效率要求：锂离子电池≥92%，铅炭电池≥86%，液流电池≥65%	财务基准收益率参考（税后）：6%	项目碳减排量核算依据《基于项目的温室气体减排量评估技术规范　通用要求》（GB/T 33760—2017）；项目碳减排量核算参照 CCER 方法学《CMS－080－V01 在新建或现有可再生能源发电厂新建储能电站》等
		1.2.2 高效低碳能源分配及传输设施	特高压电网、智能电网、微电网等高效低碳能源传输分配设施建设及运营	传输/分配可再生电力占比超过 80%	财务基准收益率参考（税后）：10%	项目碳减排量核算依据《基于项目的温室气体减排量评估技术规范　通用要求》（GB/T 33760—2017）；发电项目碳减排量核算参照 CCER 方法学《CM－001－V01 可再生能源联网发电》《CMS－002－V01 联网的可再生能源发电》
	1.3 氢能利用	1.3.1 氢能利用设施建设和运营	清洁制氢、氢气安全高效储存、加氢站、氢燃料电池汽车、氢燃料电池发电、掺氢天然气等技术设置和氢能应用	制氢的能源消耗应为上述所列低碳能源	财务基准收益率参考（税后）：6%	项目碳减排量核算依据《基于项目的温室气体减排量评估技术规范　通用要求》（GB/T 33760—2017）；发电项目碳减排量核算参照 CCER 方法学《CM－001－V01 可再生能源联网发电》《CMS－002－V01 联网的可再生能源发电》《CMS－078－V01 使用从沼气中提取的甲烷制氢》等

续表

类别			项目范围	减排技术要求	其他定量指标参考值	碳减排量核算方法
2. 低碳工业	2.1 工业节能	2.1.1 工业节能改造	通过安装更高能效设备、改变工艺、减少热损失和（或）余热余压余能回收利用等方式提高工业用能效率	改造或更新后产品/工序能耗水平应达到项目所在行业能源消耗限额标准先进值指标或相应行业清洁生产评估体系标准Ⅰ级基准值；排除延长化石能源利用的设施	财务基准收益率参考（税后）：6%	项目碳减排量核算依据《基于项目的温室气体减排量评估技术规范　通用要求》（GB/T 33760—2017）； 项目碳减排量核算参照 CCER 方法学《CM－005－V01 通过废能回收减排温室气体》《CMS－025－V01 废能回收利用（废气/废热/废压）项目》《CM－067－V01 基于新建钢铁厂废气的联合循环发电厂》《CM－068－V01 利用氨厂尾气生产蒸汽》《CMS－037－V01 通过将向工业设备提供能源服务的设施集中化提高能效》《CMS－038－V01 来自工业设备的废弃能量的有效利用》
		2.1.2 能量管理系统优化	通过工艺流程优化、系统技术集成应用、能量系统设计与控制优化等技术手段，对工业生产过程能源流、物质流、信息流实施协同优化，提高能源梯级利用成效，使生产系统整体能效提升的节能技术改造活动	改造或更新后产品/工序能耗水平应达到项目所在行业能源消耗限额标准先进值指标或相应行业清洁生产评估体系标准Ⅰ级基准值，排除延长化石能源利用的设施	财务基准收益率参考（税后）：6%	项目碳减排量核算依据《基于项目的温室气体减排量评估技术规范　通用要求》（GB/T 33760—2017）； 项目碳减排量核算参照 CCER 方法学《CMS－008－V01 针对工业设施的提高能效和燃料转换措施》《CMS－006－V01 供应侧能源效率提高——传送和输配》

续表

类别			项目范围	减排技术要求	其他定量指标参考值	碳减排量核算方法
2 低碳工业	2.2 工业非能源活动温室气体减排	2.2.1 逃逸排放气体回收利用	煤层气抽采利用、放空天然气和油田伴生气回收利用等设施建设和运营		财务基准收益率参考（税后）：6%	项目碳减排量核算依据《基于项目的温室气体减排量评估技术规范　通用要求》（GB/T 33760—2017）； 项目碳减排量核算参照CCER方法学《CM－057－V01 现有已二酸生产厂中的 N_2O 分解》《CM－009－V01 硝酸生产过程中所产生 N_2O 的减排》《CM－010－V01HFC－23 废气焚烧》《CM－066－V01 从检测设施中使用气体绝缘的电气设备中回收SF6》《CM－003－V01 回收煤层气、煤矿瓦斯和通风瓦斯用于发电、动力、供热和/或通过火炬或无焰氧化分解》等
		2.2.2 碳捕集、利用与封存	二氧化碳捕集、利用与封存相关设施建设和运营	装设碳捕集封存或碳捕集利用与封存装置/系统后，装置/系统碳排放应低于行业碳排放强度先进值	财务基准收益率参考（税后）：6%	

续表

类别			项目范围	减排技术要求	其他定量指标参考值	碳减排量核算方法
2. 低碳工业	2.2 工业非能源活动温室气体减排	2.2.3 生产过程减排	通过生产工艺改进、清洁生产等措施减少水泥、化工等行业生产过程的温室气体排放	改造后生产线或关联装置碳排放达到行业碳排放先进值要求	财务基准收益率参考（税后）：6%	项目碳减排量核算依据《基于项目的温室气体减排量评估技术规范 通用要求》（GB/T 33760—2017）； 项目碳减排量核算参照 CCER 方法学《CM－008－V01 应用非碳酸盐原料生产水泥熟料》《CM－046－V01 从工业设施废气中回收 CO_2 替代 CO_2 生产中的化石燃料使用》《CM－002－V01 水泥生产中增加混材的比例》等
		2.2.4 绿色制冷	工业、商业及居民相关设施中低升温潜势制冷剂替换或制冷设备改造	替代后的制冷产品或设备应满足能效一级等级的要求	财务基准收益率参考（税后）：6%	项目碳减排量核算依据《基于项目的温室气体减排量评估技术规范 通用要求》（GB/T 33760—2017）； 项目碳减排量核算参照 CCER 方法学《CM－048－V01 使用低 GWP 值制冷剂的民用冰箱的制造和维护》等
	2.3 低碳技术装备制造	2.3.1 清洁能源专用装备制造	风能、太阳能、地热能、海洋能、生物质能、水力发电、核能等清洁能源利用专用装备制造	应证明为清洁能源利用的专用或必不可少的装备	财务基准收益率参考（税后）：6%	项目碳减排量核算依据《基于项目的温室气体减排量评估技术规范 通用要求》（GB/T 33760—2017）； 项目碳减排量核算参照 CCER 方法学《CMS－015－V01 在现有的制造业中的化石燃料转换》等

续表

类别			项目范围	减排技术要求	其他定量指标参考值	碳减排量核算方法
2. 低碳工业	2.3 低碳技术装备制造	2.3.2 高效节能装备制造	达到相应能效等级要求的高效节能装备制造	节能装备能效等级应达到相关标准的一级能效要求	财务基准收益率参考（税后）：6%	项目碳减排量核算依据《基于项目的温室气体减排量评估技术规范 通用要求》（GB/T 33760—2017）； 项目碳减排量核算参照 CCER 方法学《CMS－015－V01 在现有的制造业中的化石燃料转换》等
		2.3.3 新能源汽车核心装备制造	新能源汽车电池、电机及其控制系统、电附件、插电式混合动力专用发动机、机电耦合系统及能量回收系统等新能源汽车关键核心零部件装备制造和产业化设施建设运营		财务基准收益率参考（税后）：6%	项目碳减排量核算依据《基于项目的温室气体减排量评估技术规范 通用要求》（GB/T 33760—2017）； 项目碳减排量核算参照 CCER 方法学《CMS－048－V01 通过电动和混合动力汽车实现减排》等
3. 低碳交通	3.1 城际交通	3.1.1 铁路相关设施建设运营及改造	货物运输铁路线路、场站、专用供电变电站等货运铁路设施建设和运营；既有铁路电气化改造、场站及铁路相关设备节能环保改造工程建设和运营		财务基准收益率参考（税后）：6%	项目碳减排量核算依据《基于项目的温室气体减排量评估技术规范 通用要求》（GB/T 33760—2017）； 项目碳减排量核算参照 CCER 方法学《CM－051－V01 货物运输方式从公路运输转变到水运或铁路运输》

续表

类别			项目范围	减排技术要求	其他定量指标参考值	碳减排量核算方法
3. 低碳交通	3.1 城际交通	3.1.2 港口、码头岸电设施及机场廊桥供电设施建设	为靠港、靠岸船舶提供电力供应的供电设施建设和运营，机场廊桥供电设施建设		财务基准收益率参考（税后）：6%	项目碳减排量核算依据《基于项目的温室气体减排量评估技术规范 通用要求》（GB/T 33760—2017）； 项目碳减排量核算参照 CCER 方法学《CM－051－V01 货物运输方式从公路运输转变到水运或铁路运输》
	3.2 城乡公共交通	3.2.1 城乡公共交通设施建设和运营	城、乡大容量公共交通设施建设和运营，如快速公交系统（BRT）公交场站、线路等设施，城市轨道交通设施建设和运营		财务基准收益率参考（税后）：10%	项目碳减排量核算依据《基于项目的温室气体减排量评估技术规范 通用要求》（GB/T 33760—2017）； 项目碳减排量核算参照 CCER 方法学《CM－032－V01 快速公交系统》《CM－028－V01 快速公交项目》《CM－098－V01 电动汽车充电站及充电桩温室气体减排方法学》等
		3.2.2 城市慢行交通设施建设和运营	城市步行、自行车交通系统建设，包括公共自行车租赁点、非机动车辆停车设施、路段过街设施等城市慢性系统建设等		财务基准收益率参考（税后）：6%	项目碳减排量核算依据《基于项目的温室气体减排量评估技术规范 通用要求》（GB/T 33760—2017）； 项目碳减排量核算参照 CCER 方法学《CM－105－V01 公共自行车项目方法学》等

续表

类别			项目范围	减排技术要求	其他定量指标参考值	碳减排量核算方法
3. 低碳交通	3.3 清洁能源车辆及配套设施	3.3.1 清洁能源车辆购置	清洁能源车辆购置，包括天然气、电动、混合动力、氢燃料电池等清洁能源车辆购置		财务基准收益率参考（税后）：10%	项目碳减排量核算依据《基于项目的温室气体减排量评估技术规范　通用要求》（GB/T 33760—2017）； 项目碳减排量核算参照CCER方法学《CM－098－V01 电动汽车充电站及充电桩温室气体减排方法学》等
		3.3.2 清洁能源交通配套设施建造和运营	电动汽车电池充电、充换服务设施，新能源汽车加氢、加气设施等清洁能源汽车相关基础设施建设和运营		财务基准收益率参考（税后）：10%	项目碳减排量核算依据《基于项目的温室气体减排量评估技术规范　通用要求》（GB/T 33760—2017）； 项目碳减排量核算参照CCER方法学《CM－098－V01 电动汽车充电站及充电桩温室气体减排方法学》等
4 低碳建筑	4.1 既有建筑	4.1.1 既有建筑节能改造	改造后建筑相关技术指标符合国家或地方相关建筑节能标准的既有建筑物节能改造活动、建筑用能系统节能改造活动有关要求；获得有效期内国家相关绿色建筑星级标识的既有建筑改造和运营及购置消费，以及改造后达到有效期内国家相关绿色建筑星级标识的既有建筑改造和运营及购置消费	相比改造前节能20%以上	财务基准收益率参考（税后）：10%	项目碳减排量核算依据《基于项目的温室气体减排量评估技术规范　通用要求》（GB/T 33760—2017）； 项目碳减排量核算参照CCER方法学《CMS－029－V01 针对建筑的提高能效和燃料转换措施》《CMS－041－V01 新建住宅楼中的提高能效和可再生能源利用》《CM－052－V01 新建建筑物中的能效技术及燃料转换》

续表

类别			项目范围	减排技术要求	其他定量指标参考值	碳减排量核算方法
4. 低碳建筑	4.2 新建建筑	4.2.1 新建绿色建筑	超低能耗建筑、绿色建筑、装配式建筑等低碳建筑建设和运营；建筑可再生能源利用设施建设和运营	获得绿色建筑预评估二星以上标识	财务基准收益率参考（税后）：6%	项目碳减排量核算依据《基于项目的温室气体减排量评估技术规范　通用要求》（GB/T 33760—2017）； 项目碳减排量核算参照 CCER 方法学《CMS－029－V01 针对建筑的提高能效和燃料转换措施》《CMS－041－V01 新建住宅楼中的提高能效和可再生能源利用》《CM－052－V01 新建建筑物中的能效技术及燃料转换》
5. 废水及废弃物清洁处理	5.1 废弃物回收利用	5.1.1 废弃物回收利用	废弃物资源化、能源化利用项目，如建筑垃圾综合利用、再生资源回收利用、固体废弃物填埋气/沼气收集利用项目，如垃圾填埋气收集利用、农村户用沼气项目、市政污泥干化、焚烧等低碳化处理项目等		财务基准收益率参考（税后）：5%	项目碳减排量核算依据《基于项目的温室气体减排量评估技术规范　通用要求》（GB/T 33760—2017）； 项目碳减排量核算参照 CCER 方法学《CMS－075－V01 通过堆肥避免甲烷排放》《CMS－074－V01 从污水或粪便处理系统中分离固体避免甲烷排放》《CM－080－V01 生物质废弃物用作纸浆、硬纸板、纤维板或生物油生产的原料以避免排放》《CM－072－V01 多选垃圾处理方式》《CMS－073－V01 电子垃圾回收与再利用》《CMS－021－V01 动物粪便管理系统甲烷回收》等

续表

类别			项目范围	减排技术要求	其他定量指标参考值	碳减排量核算方法
5. 废水及废弃物清洁处理	5.2 废水低碳化处置	5.2.1 废水低碳化处置设施建设和运营	污水沼气回收利用、污泥干化、焚烧、协同处置等废水低碳化处置项目		财务基准收益率参考（税后）：5%	项目碳减排量核算依据《基于项目的温室气体减排量评估技术规范　通用要求》（GB/T 33760—2017）； 项目碳减排量核算参照 CCER 方法学《CMS－076－V01 废水处理中的甲烷回收》《CMS－077－V01 废水处理过程通过使用有氧系统替代厌氧系统避免甲烷的产生》《CMS－016－V01 通过可控厌氧分解进行甲烷回收》《CMS－018－V01 低温室气体排放的水净化系统》等
6. 生态系统增汇	6.1 造林及再造林	6.1.1 造林及再造林	通过造林、再造林和可持续森林管理，减少毁林等措施，吸收和固定大气中的二氧化碳的活动		财务基准收益率参考（税后）：6%	项目碳减排量核算依据《基于项目的温室气体减排量评估技术规范　通用要求》（GB/T 33760—2017）； 项目碳减排量核算参照 CCER 方法学《AR－CM－001－V01 碳汇造林项目方法学》《AR－CM－002－V01 竹子造林碳汇项目方法学》《AR－CM－003－V01 森林经营碳汇项目方法学》等
	6.2 其他生态系统增汇项目	6.2.1 草原、湿地、海洋、土壤、冻土等生态系统固碳项目	以提升草原、湿地、海洋、土壤、冻土等生态系统固碳增汇能力为主要目的的建设和保护性活动		财务基准收益率参考（税后）：6%	项目碳减排量核算依据《基于项目的温室气体减排量评估技术规范　通用要求》（GB/T 33760—2017）； 项目碳减排量核算参照 CCER 方法学《AR－CM－004－V01 可持续草地管理温室气体减排计量与监测方法学》《CMS－083－V01 保护性耕作减排增汇项目方法学》等

续表

类别			项目范围	减排技术要求	其他定量指标参考值	碳减排量核算方法
7. 低碳技术和服务	7.1 低碳技术研发	7.1.1 低碳技术研发	碳捕集、利用和封存，化学储氢，氢燃料/原料利用等重点低碳技术研发、推广和应用		财务基准收益率参考（税后）：6%	
	7.2 低碳咨询服务	7.2.1 低碳咨询服务	碳资产交易、节能诊断和评估、低碳技术咨询和评估等相关的低碳咨询服务		财务基准收益率参考（税后）：6%	

附表 2 **项目效益评估指标体系**

评估内容	评估指标		定性/定量	具体评估内容	评分要求
1. 社会效益	1.1 政策符合性	1.1.1 评估项目是否满足国家、地方、行业相关规划（政策或标准）的要求	定性	项目政策符合性评估包括： （1）项目是否按照要求获得立项，并能提供相关证明材料； （2）项目是否满足国家及地方的发展规划、产业结构调整政策的要求，且不属于《深圳市重点行业淘汰要求清单（能耗执法）》	关键指标（任意一项不满足则不继续进行评估）

续表

评估内容	评估指标		定性/定量	具体评估内容	评分要求
1. 社会效益	1.2　环境社会风险	1.2.1　评估项目是否具有重大的、不利环境社会风险	定性	项目应符合能效、污染物排放、安全、职业健康等强制性标准规范中相关准入要求（如适用）： （1）项目不属于《企业环境信用评估办法》规定的污染物排放总量大、环境风险高、生态环境影响大的行业；项目近三年未被列入环境信用评估的黄牌和红牌企业； （2）项目近三年未发生因违反污染物排放标准和排污许可、突发环境事件、节能环保事件而被行政处罚的情况； （3）项目按要求获得环评通过的批复（如适用）； （4）项目近三年未在安全生产违法违规方面受行政处罚； （5）项目近三年未因职业病预防控制措施不达标被处罚	关键评估指标，在适用条件下，项目应满足全部上述准入要求，否则，不继续进行评估
	1.3　可持续影响	1.3.1　项目在改善健康、卫生、供水，提升受教育的机会，推进性别平等，促进文化保护等其他公共事业方面的贡献	定性	（1）项目在协同治理环境、保护生物多样性、提升教育、改善卫生、提升就业等方面的绩效情况及获得相关认证奖励的情况； （2）项目能提供上述绩效的相关证明材料	一般评估指标，在项目的相关评估报告中应定性或定量说明项目具体的可持续影响绩效，用于综合评估项目是否可进入开发项目库或示范项目库

续表

评估内容	评估指标		定性/定量	具体评估内容	评分要求
2. 气候效益	2.1 类别符合性	2.1.1 属于重点行业类别	定性	符合指标体系附表所列的重点行业	关键指标（应说明项目符合的一级、二级、三级子类别）
	2.2 气候效益显著性	2.2.1 年温室气体减排量（吨二氧化碳当量）（个别行业除外）	定量	（1）项目（预算或实际）是否具有净减排效益； （2）项目减排量在同类项目中的水平	关键指标，项目应具有净减排效益，进入开发项目库和示范项目库的项目在同类项目中应不低于行业平均水平，并进行相关说明。项目的减排量核算方法见附表1，并应在评估报告中说明
		2.2.2 碳排放强度（个别行业除外）	定量	碳排放强度指项目单位产出的排放量，单位为 tCO_2e/万元或 tCO_2e/吨等。 碳排放强度指标主要评估项目的碳排放绩效水平	关键评估指标（如适用），项目碳排放强度应满足附表1的要求（如适用），对于未列明要求的项目则默认为该项指标满足要求
3. 环境效益	3.1 环境协同效益	3.1.1 项目在协同推进其他环境目标实现方面的效益，包括提升气候韧性、提升生物多样性、统筹推进污染防治等方面	定性	项目的能效、水效、污染物排放和处置、资源循环利用率等方面的绩效情况，包括： （1）生产设备、产品能效、水效等指标是否达到相关能效、水效标准中2级及以上要求； （2）项目主体获得 GB/T 23331 能源管理体系，GB/T 24001 环境管理体系等相关认证，绿色工厂（供应链）认证，企业产品获得绿色、节能低碳、资源循环领域的认证（任一）等； （3）项目相关指标达到同行业先进水平（如能效“领跑者”、环保“领跑者”等），且能提供相关证明材料	一般指标，应在评估报告中说明上述绩效水平情况，作为项目进入开发项目库或示范项目库的依据

续表

评估内容	评估指标		定性/定量	具体评估内容	评分要求
4. 经济效益	4.1　投资减排效益	4.1.1　项目单位投资碳减排量	定量	项目减排量与总投资的比值，评估项目单位投资碳减排量在行业中的水平情况	一般评估指标，在项目的相关评估报告中给出定量的该指标测算结果，并说明该指标行业中的水平，项目总减排量的测算依据《基于项目的温室气体减排量评估技术规范　通用要求》（GB/T 33760—2017），该指标是综合评估项目进入开发项目库和示范项目库的依据
	4.2　财务经济有效性	4.2.1　经济/财务内部收益率	定量	项目经济/财务内部收益率与行业基准收益率的比较情况	一般指标，应在评估报告中说明项目指标与参考值进行比较，并说明项目在投资回报方面的情况，作为综合评估项目进入开发项目库和示范项目库的依据

致　谢

本教材为儿童投资基金会（CIFF）项目“中国气候投融资发展：模式工具创新及能力建设”的阶段性成果。

感谢清华大学、北京师范大学、中英（广东）碳捕集利用与封存（CCUS）中心、中国科学院科技战略咨询研究院的相关研究团队对本教材的大力支持。